① 伊勢参りをする犬
「伊勢神宮 宮川渡しの図(三枚綴り 左)」(p.17)
神宮徴古館・農業館蔵 安政頃

② 河鍋暁斎
「東海道名所風景 東海道高輪牛ご屋」(p.33)
国立国会図書館デジタルコレクション
文久3(1863)年

③ 初代歌川広重
「東海道五十三次 藤枝」(p.35)
国立国会図書館デジタルコレクション
天保5(1834)年頃

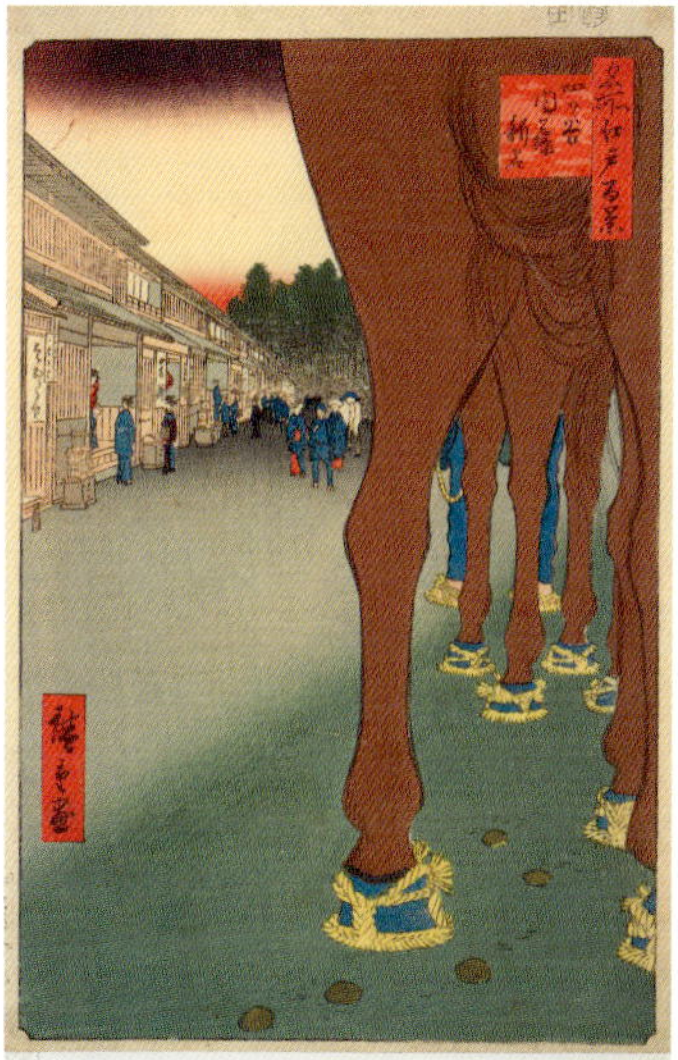

④ 初代歌川広重
「名所江戸百景 四ツ谷内藤新宿」(p.36)
国立国会図書館デジタルコレクション
安政4(1857)年頃

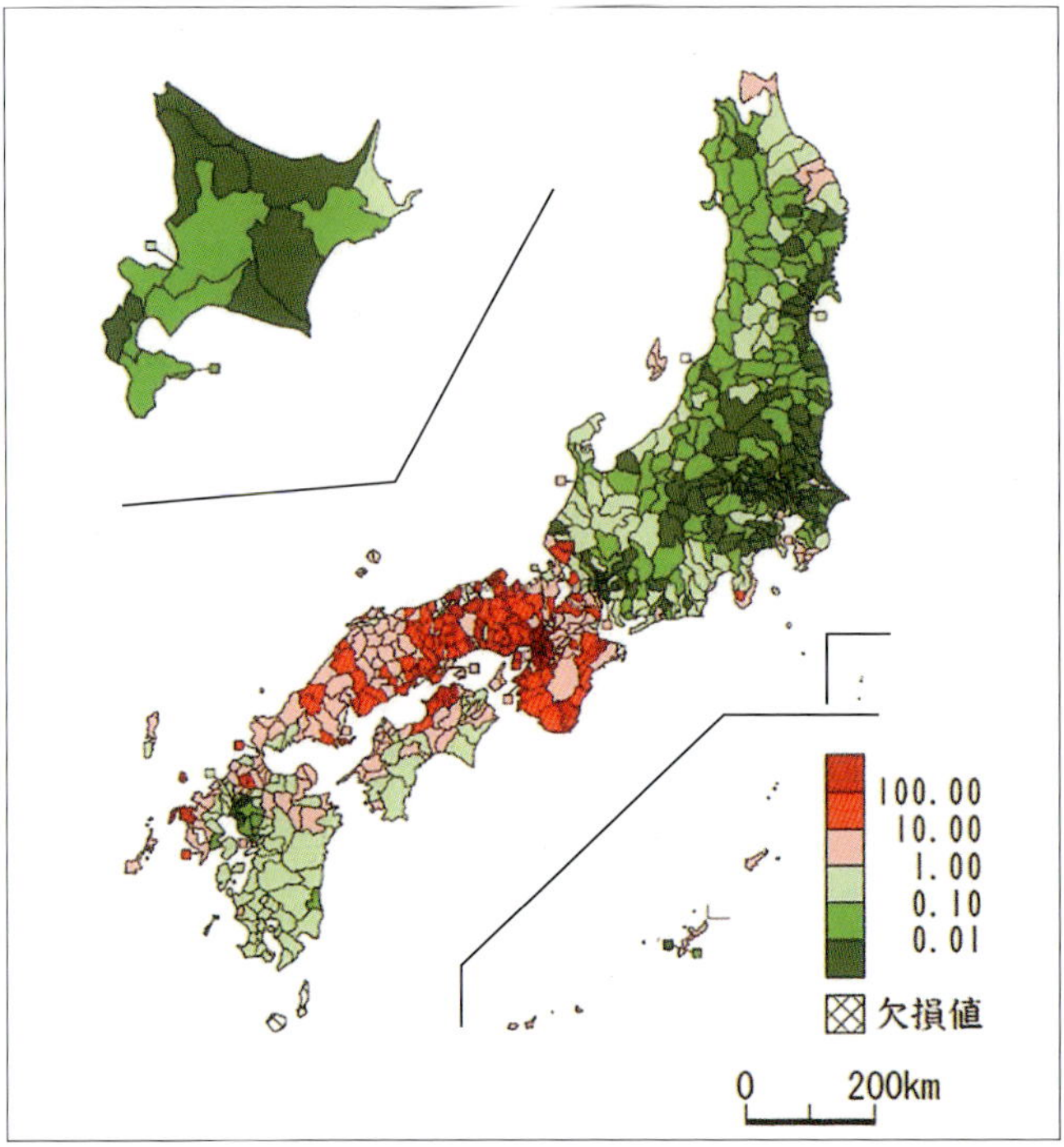

⑤　牛と馬の地理的分布（p.33）。数字は牛の頭数／馬の頭数、牛が多いほど赤色で、馬が多いほど緑色。　出所：『共武政表』　明治 13(1880)年

⑥　揚洲周延「温故東の花　第五篇　将軍家於小金原御猪狩之図」（p.84）
国立国会図書館デジタルコレクション

⑦　歌川広重
「名所江戸百景　蓑輪金杉三河しま」（p.113）
国立国会図書館デジタルコレクション

⑧ 「御鷹野図巻」（p.122）、鷹が鶴を捕まえているところ。国立国会図書館デジタルコレクション

⑨　さまざまな「狆」『唐蘭船持渡鳥獣之図』（p.144）　慶應義塾図書館

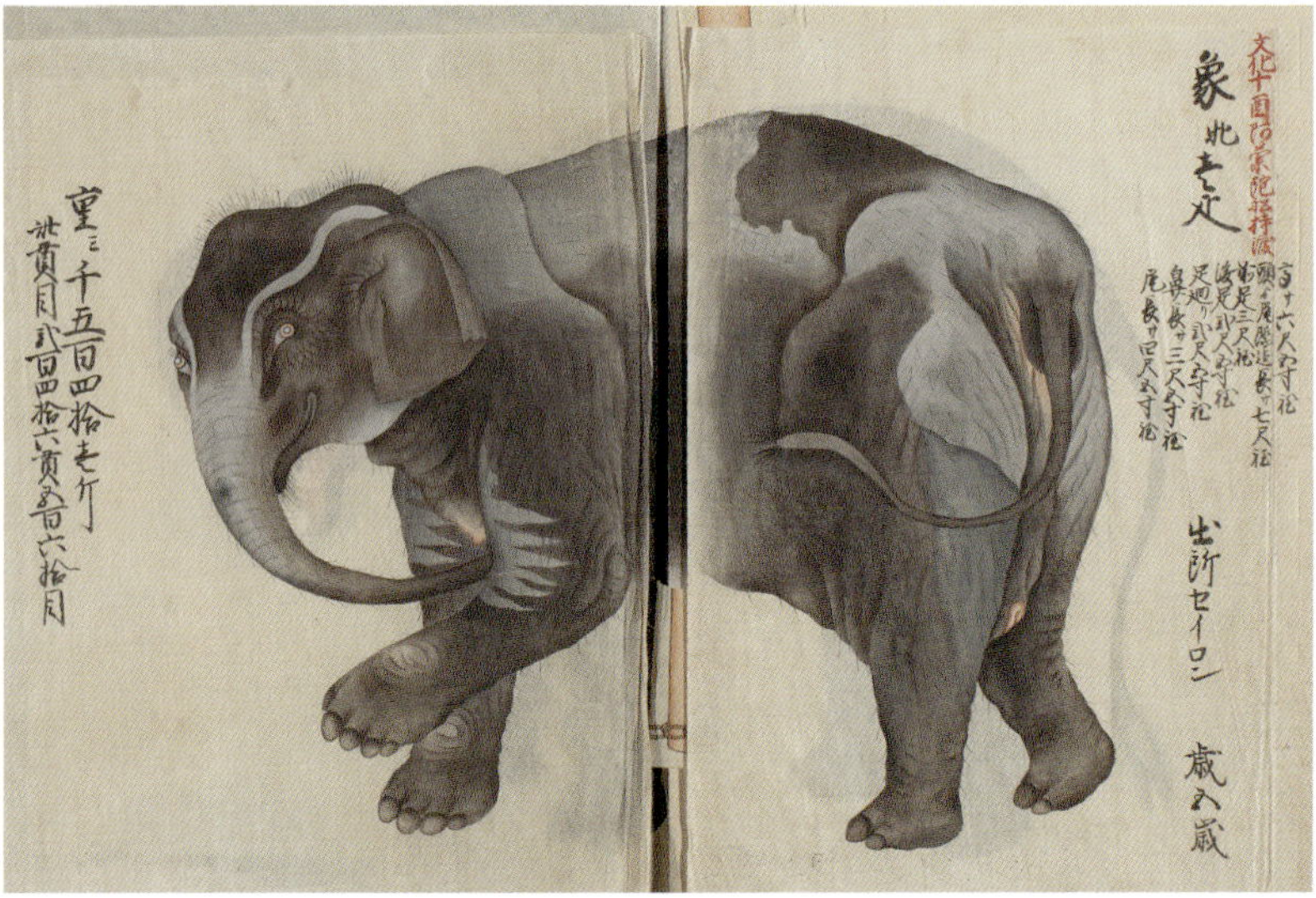

⑩　『唐蘭船持渡鳥獣之図』（p.209）　慶應義塾図書館　江戸時代中後期

⑪　ザトウクジラ
『紀伊国熊野海鯨図』（p.213）
国立国会図書館デジタルコレクション　年未詳

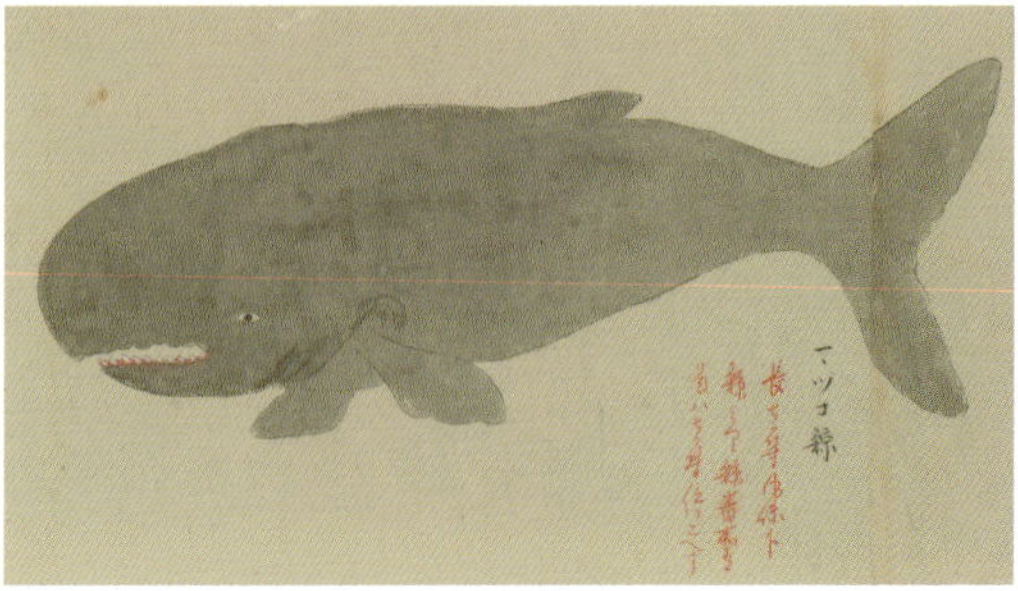

⑫　マッコウクジラ
『紀伊国熊野海鯨図』（p.213）
国立国会図書館デジタルコレクション　年未詳

江戸時代の動物たち

井奥成彦 編著

慶應義塾大学出版会

序

井奥成彦

本書は、二〇二三年三月に、慶應義塾大学三田キャンパス内の慶應義塾史展示館で行われた慶應義塾大学文学部古文書室（以下「古文書室」）による企画展「動物たちの江戸時代」の展示をもとに、歴史読み物として各執筆者が書き下ろし、書籍化したものである。

今日の日本で、動物にまつわる問題は多い。開発により生息域を狭められたり、気候変動のせいで食物不足に陥った野生動物が人間の居住域に下りてきて人間と接触するなどのケースが後を絶たない。コロナ禍では「巣ごもり生活」の中で犬や猫などのペットを飼うことが流行ったが、反面、動物虐待などの問題も生じている。さらに遡れば、商業捕鯨の禁止・復活とそれをめぐる議論もあった。

同じ地球上に生きる生き物として、人間は動物と良好な関係を保ちたいものである。

西洋で動物倫理、動物福祉論、動物権利論といった立場から、人間と動物の関係がどうあるべきかといった議論が深められてきたのに対し、日本では社会的にも学問的にもそういった議論は深められてこなかった。しかし、人間も動物もみな平等との思想は日本にも古くからある。

毎年二月十五日は釈迦入滅の日とされており、それに合せて全国の寺院で「涅槃図」が公開される。「涅槃図」では釈迦の入滅を嘆く弟子たちとともに、同じように嘆くさまざまな動物たちが同じ平面上に描かれている。「お釈迦様の前では人も動物も皆平等」との思想が具現化されているのである。

また「鳥獣戯画」で有名な高山寺の開祖明恵は人間と自然との一体化を説き、人間を含むすべての動物は平等であるとの教えを説いた。これは、涅槃図にも表れている釈迦本来の教えを忠実に引き継いだものといえようが、同寺に残る「鳥獣戯画」や「明恵上人樹上座禅図」は、自然と一体になる、動物を大切にするというこの寺のコンセプトの象徴である。

人間と動物の関係のあり方を考える素材は歴史を遡れば少なからず見つかるかもしれない。本書はそういった発想から、過去の時代にヒントを求めるべく、古文書室で所蔵する史料ほか慶應義塾内外の史料、それに考古学の成果などを通して、現代の我々人間が動物とどのように向き合えばよいのかについて考えてみようとするものである。その中で本書が江戸時代にスポットを当てたのは、古文書室所蔵の史料が江戸時代のものが中心であるということもあるが、そうでなくても、各章と *Interlude* が示すように、この時代には我々に与えてくれるヒントが多いように思われるからである。

では、本書の内容を紹介しよう。まず第一章では、その位置づけが江戸時代の間に大きく変化した犬を取り上げる。犬にとって江戸時代は、初期の「食べられる動物」から、中期の元禄期に至って「生類憐みの令」によって保護される存在となり、後期には愛玩動物としての特色が強くなる

（第五章も参照）。そして犬は家の中でかわいがられるだけでなく、伊勢参りの旅行者たちによって世話をされながら伊勢参宮を果たすという現象が各地で見られるようになる。しかし犬の愛玩動物化が進む一方で、*Interlude 3* にあるように、飼い主のモラルの低下や悪質なブリーダーの出現など現代に繋がる問題も出てくるのである。

第二章では江戸時代の代表的使役動物である牛と馬を取り上げる。ここでは東日本（と九州）では牛よりも馬の比率が高く、逆に西日本では牛の比率が高かったことが明らかにされ、馬の数の変遷と人口の変遷には正の相関関係があったことを示す事例も紹介されている。また、使役の役割を終えて死んだ牛に対して供養塔を建てるなど、江戸時代にはこれらの動物に対する人々の慰労の念も育まれたことが示される。本章に関連して、*Interlude 1* では近世の埋葬馬骨が紹介され、日本の在来馬が小さかったことが具体的なデータを以て示される。そして今後の出土馬骨の研究の課題として、生前の飼育・利用環境も含めてその個体のライフヒストリーの解明に努める必要があることを挙げている。

第三章・第四章では、鹿・猪・鶴など狩猟の対象とされたいわば受難の動物たちを取り上げる。徳川将軍による狩猟には、狩った獲物を大名をはじめとする家臣などに下賜することを通じて政治的な権威を示すという意味があった。また鷹狩によって得られた鶴は朝廷に献上された。こうした狩猟による獲物を媒介として幕府、大名、朝廷の関係が保たれるという側面が江戸時代にはあったことが示される。また、狩猟には軍事演習的な側面もあったことも明らかにされる。関連して

*Interlude 2*では、江戸の大名屋敷（下屋敷）跡で出土した猪の骨を通して、下屋敷に詰めていた下級武士による獣肉食を想定している。

第五章では、国内の経済成長とともに人々の生活水準の向上がみられる江戸時代後期において、犬や猫のペット化が顕著にみられるようになったことが述べられる。犬や猫がかわいがられていた様子は数々の浮世絵に描かれており、死後は墓が作られて丁重に葬られていた例もあったことが紹介されている。そういったペットの供給源となっていた「鳥屋」は今日のペットショップ、ブリーダーともいうべき存在であった。それに関連して*Interlude 3*では、ペットの中でも特に人気のあった狆《ちん》について、その飼育書が著されたりもしたが、ペットロス、飼い主のモラル低下、悪質ブリーダーの出現といった、現代に通ずる問題も表れてきたことも明らかにされている。

第六章では、江戸時代には獺《かわうそ》、熊、一角《イッカク》などの動物の胆《きも》や角などが「薬」として出回っていたこと、「薬食い」と称して猪や鹿などの獣肉食も行われていたことを明らかにしている（第二章・第三章・第五章・*Interlude 2*も参照）。江戸時代は科学、医学が発達していなかったがゆえの動物受難の時代という一面もあったのである。

*Interlude 4*では、日本人と象との出会いは一五世紀初頭に始まり、その後何度にもわたって象が日本にやってきていたことを紹介する。近代以前の日本人と象の出会いの記録である。

第七章では、生月島益冨氏による大規模な捕鯨とそれに関連する加工業の展開について触れられる。漁夫たちが鯨を仕留めるときのリアルな様子が描かれるが、それとともに、鯨に戒名をつけたり、過去帳を作成したり、墓を作るなど、漁夫や地域の人々が鯨に対して憐みの心をもって供養していたことも紹介されている。

Interlude 5 では、動物を使った見世物、特に地方（豊後国浜之市）の事例を紹介している。そして世の中が豊かになってくる一八世紀中頃から地方の祭礼市で曲馬や見世物の興行が増加し、地方の人々が多種多様な動物と出会う機会が増えたが、それでも三都などと比べればそのような機会は少なかったとする。

以上、本書では七つの章・五つの *Interlude* にわたって、江戸時代の人間と動物との関わりを多角的に取り上げ、考察してみた。本書を通して、人間と動物の関係のあるべき姿について考えていただければ幸いである。

目次

凡例

＊年号は和暦を優先し、（　）内に西暦を入れた。

＊史料は読者が読みやすいよう、書き下し文にした。その場合、漢字は原則として常用漢字とし、変体仮名はひらがなに改めたが、旧仮名遣いは残した。また、適宜句読点や並列点（ナカグロ）などを付した。

第一章　犬の江戸時代

井奥成彦

はじめに

動物と人間の関係を考える上で、犬は欠かせない。江戸時代という歴史の舞台においても、犬は語り尽くせないほどさまざまなかたちで登場する。「生類憐みの令」、伊勢参りをする参宮犬、ペットとしてかわいがられた狆《ちん》……。浮世絵にも多くの犬が描かれた。

そんな江戸時代の犬について、ここでは特に「生類憐みの令」と「参宮犬」について取り上げる。生類憐みの令に関しては、主な研究だけでも塚本学氏（塚本、一九八三・九五）、山室恭子氏（山室、一九九八）、根崎光男氏（根崎、二〇〇六）、仁科邦男氏（仁科、二〇一九）らの著書がある。この法令に対する認識や評価はそれぞれ異なるが、いずれも力作である。また、参宮犬については仁科氏の好著がある（仁科、二〇一三）。これらの先行研究を参考にしながら、上記二つのトピックについいて考えてみたい。なおペットとしての犬については、第五章（一四三ページ）と*Interlude 3*（一六六ページ）で取り上げる。

一　「生類憐みの令」の時代

「生類憐みの令」とは？

「生類憐みの令」は、五代将軍徳川綱吉の代（在位一六八〇―一七〇九年）、西暦で言えば一七世紀末に至って出された世界にも稀な動物愛護令とされているが、単独の法令ではなく、生類を憐むことを趣旨として出された諸法令の総称である。

それらの法令が出される以前、日本でも中国や韓国などと同じように、犬は食べられていた。特に「かぶき者」と言われた者たちは犬を好んで食べた。そのため江戸では犬が激減したという。

なぜこのような法令が出されたのかについては、諸説ある。かつての有力な説として、綱吉の母桂昌院《けいしょういん》が信頼する僧隆光《りゅうこう》に、綱吉が子供を五歳で亡くして以降子供ができないのは前世に殺生をしすぎたためだから、生き物、特に戌年生まれの綱吉は犬を大切にするようにと言われたからだという説があった。しかし生類憐みに関する一連の法令は隆光が綱吉に仕える以前から出されていたとして、近年ではこの説を否定する向きが多い。

貞享四（一六八七）年には町触《まちぶれ》で、綱吉が生類憐みの政策を打ち出しているのは「人々が仁心を育むように」と思ってのことだとしている。実際、綱吉は将軍になった直後から、仁政を理由に鷹狩り関係の人員を削減するなどし、自ら鷹狩を行わないことを決めている。生類憐みの令の始期については諸説あるが、本格化したのはこの貞享四年あたりと見てよいだろう。

捨子の禁止と傷病人・傷病動物の保護

また、この法令には捨子の禁止や傷病人・傷病動物の保護といった目的も伴っていた。

例えば元禄九（一六九六）年の法令では「捨子仕るまじく候。もし養育成りかね候者は申し出るべき」（慶應義塾大学古文書室蔵、角筈11－B－6）とあり、元禄十七（一七〇四）年の法令では「百姓・町人の衣服、絹・紬・木綿・麻布を着用すべく候」「百姓・町人祭礼の刻《とき》万端軽くいたし」といった条文に続いて次のような条文が記されている。

一　生類あわれみの志いよいよ存じ入り、麁末《そまつ》なる儀これなきように仕るべく候。尤も捨子・捨牛馬・捨犬堅く仕るまじく候。養育成り難き者はその支配々々へ申し出るべきこと。（同、角筈1－16より、図1－1参照）

ここでは「生類あわれみの志いよいよ存じ入り」という文言に続けて捨子・捨牛馬・捨犬が並列

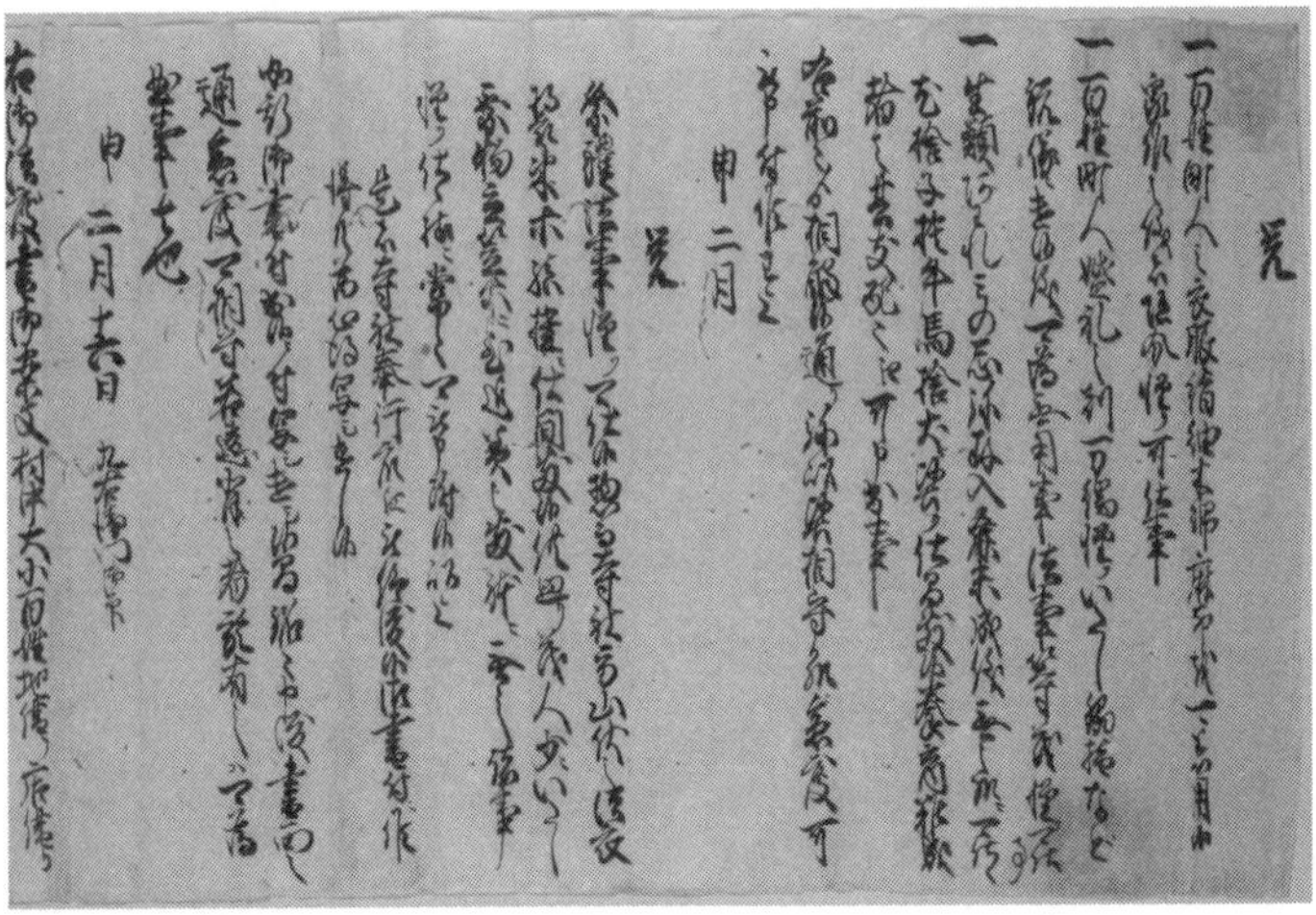

図1－1　元禄十七年の法令　慶應義塾大学文学部古文書室蔵　〈角筈 1-16〉

され、それらの行為が禁止されていることに注目したい。「生類憐みの令」の対象は、動物だけでなく人間にも及んでいたのである。仁科氏はこの点に関して、「生類憐みの令」は本来人間を対象としておらず、人間に対しては別に「人憐みの令」ともいうべき捨子禁止令が以前から出されていたが、それらが混在して、人間も「生類」に含まれることになった。従って「生類憐みの令」に人間は含まれないとする（仁科、二〇一九）。本来はそうであったということに異存はないが、一般的に法令は時代とともに変化するものであり、結果的には人間も「生類憐みの令」の対象となったということでよいのではないだろうか。

　また、前記元禄九年の法令では、

　　向後は地借・店借の者子を孕み候はば、大家・地主へ知らせ、その上出産又は傷産・流産いたし候はば、是亦知らせ申すべく候。出生の子三歳迄之内死候か、何方へも遣し候はば、その分け（訳）大家・地主方へ届け申すべし。

と、地借《じがり》（表通りに土地を借りて住んでいる者）・店借《たなかり》（裏長屋を借りて住む庶民）が妊娠したら大家・地主へ知らせるよう、また出産・傷産・流産した場合も知らせるよう、さらに子供が三歳までに死亡したり養子に出したりした場合はそのわけを大家・地主へ届けることなども触れられている。

さらに、元禄十五（一七〇二）年の法令では、病牛馬を養育できない者は遠慮なく申し出ること、牛馬に重い荷物を背負わせないこと、牛馬が痛まないようにすべきことが述べられているが（同、角筈1－11）、牛馬については詳しくは第二章に譲る。

「生類憐みの令」に関わる処罰例

生類憐みの令は、かつては「極端な動物愛護令で、一般民衆は迷惑を強いられた」とか「天下の悪法」とまでいわれた。しかし近年ではこの法令に対する評価も変わってきている。これについて述べる前に、まずはこの法に触れて処罰された例を見ることにより、「極端な動物愛護令」であったかどうかを考えてみよう。生類憐みの令に抵触して処罰されたと思われる例を拾ってみると、表1－1のごとくである。

動物に関わる事件の処罰令の中には、生類憐みの令に抵触したためかどうか判断が難しい場合も

②

	年	西暦	月	
22	貞享5		5	鶏2羽を売った飴売りが**獄門**。仲介した増上寺門前町の町人は**牢舎**ののち牢死。買った新堀同朋町の町人も**牢舎**ののち牢死。牢死が多いことから翌月囚獄の待遇改善へ。
23			5	岩井町の町人が鳥を獲ったことで**獄門**。
24			5	芝金杉の町人が白雁4羽を捕らえ**牢舎**、牢中で病死。
25			5	鳩をおびき寄せるための笛が役に立たず、小細工奉行大類次郎兵衛と手代ら3人**追放**。町大工1人**手鎖**。
26			8	鳥銃を隠していた罪で餌差頭内田市郎右衛門父子が佐渡島へ**流刑**。子弟6人は薩摩国へ**流刑**。
27			8	下練馬村の農民が引く馬が鳩を踏み殺したが、4日後赦免。
28			8	留守居番与力が捨ててあった子犬を養わなかった罪で**追放**。
29	元禄元		10	コウノトリが巣を掛けた木を切り、武州新羽村西方寺が**閉門**。
30			12	北新堀の町人が拾った子犬11匹をごみ捨て場に捨て、牢舎。10か月後**追放**。
31			12	武州上忍田村で鳥を捕まえていた百姓が吠えかかる犬に鎌を投げつけ、犬が怪我をしたことにより牢舎。2か月後に神津島へ**流刑**。
32	元禄2	1689	1	神田鍛冶町の町人、鶏を絞め毛をむしり、約2年間**牢舎**。のち赦免。
33			1	芝金杉の山伏が酒に酔い犬2匹を斬り怪我をさせ、牢舎。翌月**追放**。
34			2	病馬を捨てた武士14人、農民25人が神津島に**流刑**。
35			3	湯島広小路の辻番3人が水路に犬の死体があるのを番せず、死体が流されたことで牢舎ののち、江戸5里四方**追放**。
36			5	生類憐みの令以前に御堀で鯉鮒獲りをした増上寺門前町の者ら7名が牢舎、**死罪**（うち2名は**獄門**）。鯉鮒を買い取った者も牢舎、**死罪**。
37			5	大八車で薪を運ぶ南小田原町の2人が鳩を轢き殺したが、翌月赦免。
38			10	評定所目安読み、犬の喧嘩を止めず犬が死んだため**閉門**。
39			10	猪狩りをした白銀台の町人6名が薩摩国の島へ**流刑**。他1名隠岐島へ**流刑**。
40			10	原宿村の八兵衛の馬に積んでいた竹が目黒橋で農民権助の馬に当たり、馬が川に転落して死亡。八兵衛牢舎、約3か月半後に赦免。
41	元禄3	1690	4	常陸作屋村の酒屋が馬を殺し、江戸十里四方と在所**追放**。
42			6	南塗師町の町人が鳩に鳥もちをつけ、少々羽が抜けたため**牢舎**、6日後赦免。
43			8	大工の大八車が後ずさりした際に猫が轢かれ、死ぬ。**牢舎**後赦免。
44	元禄4	1691	3	浪人が酒に酔って上野で馬の足を切り、近所の娘も怪我をしたことから、江戸十里四方**追放**。

表1－1　生類憐みの令に抵触して処罰された例

①

	年	西暦	月	
1	貞享3	1686	9	松平頼純（伊予西条藩主）の使用人が酒を飲み前後不覚となり、南青山で米を積んだ馬の尻を小刀で刺して牢舎、**追放**。
2			9	芝車町長蔵が船町で大八車で犬を轢き殺し**牢舎**、8日後に赦免。
3			12	永井直敬の召使いが長谷川町で犬を突き殺し**牢舎**、8日後に赦免。
4	貞享4	1687	3	新白銀町の奥平、板橋で犬を斬り、江戸**追放**。酒に酔っていた。
5			4	土屋相模守の中間が数寄屋町で7～8匹の犬に噛みつかれたため脇差で犬を傷つけ、**牢舎**となったが、不意のことということで2か月後に赦免。
6			4	病馬を捨てた武州寺尾村の農民3人ほか7名が三宅島へ**流刑**。
7			4	小石川御殿番の奴僕が喧嘩していた犬を脇差で斬り逃走、のち出頭。八丈島に**流刑**。主人の御殿番は**俸禄召し上げ**。
8			4	神田鍋町で犬3匹が師匠の妻に吠えかかったことから脇差で犬を追い払い、その際犬の耳を傷つけた権兵衛が牢舎ののち江戸十里四方**追放**。
9			4	江戸城警護の与力・同心が門上の鳩を小石を投げて追い払ったため、遠慮（謹慎）を命じられる。翌年**江戸から追放**。
10			5	駕籠かき角左衛門が西ノ久保で犬を斬り殺し、**牢舎**。5か月後に牢死。
11			6	大八車で味噌を運ぶ召使2人が宇田川町でアヒルを轢き殺し**牢舎**、14日後に赦免。
12			6	酒に酔って駄馬を脇差で斬り、馬と百姓に怪我をさせた宇田川町の文四郎が**牢舎**、翌月赦免。
13			6	旗本秋田淡路守の家臣父子が4代将軍徳川家綱の命日に吹き矢でツバメを撃ち、子の病気養生に食べさせたため**死罪**。現場で手助けした同僚山本兵助は八丈島へ**流刑**。
14			7	京橋の虫売りが生類売買禁止の触に触れ、**牢舎**。
15			7	檜物町の町人が井戸の樋を転んで落とし、それが当たって犬が死んだことで**牢舎**。4日後赦免。
16			7	馬を引いていた下舟町の町人が鶏を踏み殺し、**牢舎**。約1か月後赦免。
17			9	倒れた馬を放置して帰り、死なせた武州下仙川村の農民が牢舎ののち、八丈島へ**流刑**。
18			?	下館藩主増山兵部の家来が犬に噛まれ、斬り殺したことで**切腹**。
19			?	土浦藩主土屋大和守の家来が犬を少し斬り、**江戸追放**。主人は**遠慮**。
20			?	土井信濃守（旗本林信濃守の誤ヵ）の中間が犬をたたいたことで**扶持を奪われる**。
21	貞享5	1688	4	餌差が網を張り鴨を捕ったことで牢舎。1年以上後に隠岐島に**流刑**。

④

	年	西暦	月	
65	元禄９		5	松平下総守の足軽が神田佐久間町で酒に酔い、駄賃馬の尻などを刀で切り、**追放**。
66			5	小石川水戸家上屋敷前で矢の刺さった鴨の死体が発見された犯人につき小普請奉行が嘘をつき**流刑**。２人**追放**。
67			7	本所相生町で犬を殺したかどで大工の弟子が**磔**。通報した佐官の娘に褒美。
68			7	西ノ久保で傷のある犬が見つかり、武家の召使いが**流刑**。主人は**遠慮**。
69	元禄10	1697	5	旗本渥美九郎兵衛屋敷内で鳩を射殺した召使いが**死罪**。
70			7	芝で犬を斬り殺したかどで久留米藩主有馬頼元の掃除人２人**牢舎**、その後は不明。藩主は**遠慮**。
71			7	大坂で銃で殺生をした男、**斬首**。
72			10	青山宿での捨て犬の件で近藤登之介組同心２人と伊東出羽守辻番人１人**追放**。
73			10	子馬３匹を捨てたかどで青山久保町の町人が江戸市中引き回しの上、**獄門**。
74	元禄11	1698	2	小田原藩主大久保忠増の家来中間、大酒を呑み日比谷で馬の尻を斬り、**追放**。
75			2	本郷の加賀屋敷脇で犬に囲まれ脇差で犬を斬り殺し、**磔**。
76			8	酒に酔い駄賃馬を斬り殺した庄内藩の足軽が江戸十里四方と在所**追放**。
77				英一蝶、**流刑**。釣りを行ったかどによるとされる。
78	元禄15	1702	10	飼っていたアヒルを襲った犬を殺したことで馬医**切腹**。
79	元禄16	1703	2	南会津西澤村の馬喰が馬を捨てたことにより**磔**。
80	宝永２	1705	11	鳥方の者が鵜を捕らえるのに持ち竿を投げつけたことにより**追放**、**押込**。
81			11	江戸城切手門番頭の家人が鳥を獲り、番頭も飼育したため**職を奪われ閉門**。
82	宝永３	1706	8	中野犬小屋へ犬移しの立ち会いに行った徒目付２人が犬をよく見ていなかったとして**追放**。
83			8	旗本岡野孫市郎の中間が庭で鶏と餌の奪い合いをするアヒルを箒で手荒に追い払い死なせたため**流刑**。死因を餌詰まりであるとした徒目付２名も**流刑**。
84	宝永４	1707	8	小石川御殿で放し飼いにされていた鶴が死んだため鳥飼番４人が**追放**。
85	宝永５	1708	9	小姓組の者が煩っている馬を粗末に扱い**閉門**。
86			10	寄合番３人が酔って馬に傷つけ、１人**追放**、２人**遠慮**。

(仁科邦男『「生類憐みの令」の真実』草思社、2019年　所収「生類憐みの令関連年表」を基本とし、若干の補筆修正を行った。)

③

	年	西暦	月	
45	元禄4		8	小野吉兵衛組の餌差が３年前に浅草で鴨を獲ったことで**牢舎**。
46			8	３年前に放し雀（放生用の雀）売りに雀50羽を売ったことで牢舎になっていた町人が隠岐島へ**流刑**。放し雀売りは牢舎ののち薩摩へ**流刑**。
47			閏8	７年前に鉄砲で鳥を撃った甲州の百姓が牢舎ののち、薩摩へ**流刑**。
48			10	蛇を使って客を集め薬を売った南小田原町の町人が江戸**追放**。蛇を貸した者は**牢舎**、牢死。
49			11	鷺を殺して食べた旗本鳥居久太夫の召使ら３名が**死罪**。
50	元禄5	1692	2	蛇を使い薬売りをしていた者が牢舎の上、江戸**追放**。
51			5	井上大和守家来、酒に酔って通４丁目で犬を斬り殺し、江戸十里四方**追放**。
52			8	辻番が飼っていた犬が死に、堀の前に捨てたことで牢舎の後、居所**追放**。
53			8	熊を殺して食べた津軽藩の農民が牢舎11か月ののち、新島に**流刑**。
54	元禄6	1693	8	高田馬場で埋めた猪を掘り出し隠した非人３名が**死罪**。
55	元禄7	1694	3	旗本２人が屋敷近くに来た放れ馬を介抱せず**遠慮**。
56			3	下野壬生藩主松平右京亮の家来が三河町で荷下ろし中の馬を脇差しで斬りつけ、辻番人も斬りつけて死亡させ、**斬首**。
57			7	鶏の雛を食った家主の猫を殺した霊岸島の町人が牢舎後、江戸十里四方**追放**。
58			8	知行所上飯田村内で猪狩りが行われたことで歩行頭が**職を奪われ逼塞**。猪狩りを行った家来は**獄門**。猪肉を切り取った百姓５名、隠岐島へ**流刑**。正直に話さなかった百姓３名**追放**。訴状を差し出した百姓、**江戸引き回しの上磔**。家来の息子は**流刑**。
59			9	旗本花房豊之助の権太原下屋敷に犬が侵入し噛み合い、下人が振り回した脇差が柱に当たり鞘が壊れ、犬を傷つけ死なす。豊之助は知行所と江戸十里四方**追放**。
60	元禄8	1695	2	千住で磔にされた犬が２匹見つかり、半年後旗本の次男が**斬罪**。
61			10	大坂定番松平縫殿頭の与力、同心、同心の子計11人が鳥を銃で殺生し売っていたかどで**切腹**。他に浪人１人**獄門**、その子と同心５人が**流刑**、町人２人**追放**。
62			10	本郷菊坂の旗本屋敷辻番が溝に捨てられていた子犬を別の屋敷脇に捨て牢舎の後**獄門**。辻番４人**追放**。
63	元禄9	1696	2	子犬を絞め殺し、他人のせいにしようとした新材木町の町人が**磔**。
64			5	本多下総守の中間が桜田門外腰掛で足の上の鼠を払い死なせ、８日間牢舎。

あり、同令に抵触したため処罰されたとする数は研究者により異なる。山室恭子氏は六九例あるとしており（山室、一九九八）、仁科邦男氏は年表の中で九六例にその印を付けている（仁科、二〇一九）。最も広く例を採っている仁科氏の年表を参考に、まとめられるものはまとめて私が数えたところでは八六例になった。

これらの例を見ると、処罰は初期の頃に多く、また死刑にまで至った例は極めて少ないことがわかる。これは山室氏もすでに指摘しているところである（山室、一九九八）。多くの場合は牢舎（入牢）、あるいは流刑を含む追放刑である。もっとも、追放刑も、追放された後どのように生活するかという問題があるので、決して軽い刑ではない。武士で扶持を奪われた場合も同様である。そのような者の多くは、後に赦されることがなければ、知り合いを頼るか、肉体労働者などになるか、流刑の場合は現地で自給自足の生活をするしかなかったのではなかろうか。牢舎の場合も、後に赦免されればよいが、追放になってしまう例も多い。

死刑になった例を見ると、犬を殺すなどしたことによるもの（18、60、62、63、67、75、78）のほか、鶴をはじめ鳥類を殺したことによるものが目につく（13、22、23、49、61、69）（第四章参照）。それと、13のように、前の将軍の命日など精進日に殺したとか、36のように江戸城の「御堀」で魚を捕ったといった、その時の状況が刑に大きく響いたこともあったのであろう。貞享三年には蚊を殺して閉門になった事件があったが、これは蚊を殺した行為そのものよりも、服忌令を守らなかったことが響いたと思われるので、「生類憐みの令」に関わる処罰例には入れていない。蚊を殺したこと自体よりも、喪に服している最中に殺生をするとは何ごとか、というわけである。

しかし、動物虐待に対する処罰が甘い今日と引き比べ、全体的には理不尽な処罰が下されたというよりは、むやみに動物を殺したり傷を負わせたことに対する処罰としてはむしろ妥当とさえ思える例が多い。犬を磔にしても（60）、今日では死刑にまではならないが、生類憐みの令の下では斬罪である。

また、この時代、刃は動物だけでなく人間にも向けられていた。生類憐みの令がそれを否定し、武断政治から文治政治への転換を志向する幕府の意図を反映するものとする見解は、このあたりが根拠になっているのである。日本史の教科書もそれに沿った記述に変わってきた。現在使われている山川出版社の『詳説　日本史B』の記述を引用すると、以下のごとくである。

一六八三（天和三）年に綱吉の代がわりの武家諸法度が出され、第一条の「文武弓馬の道」が「文武忠孝を励し、礼儀を正すべき事」に改められた。（中略）このいわゆる文治主義の考えは、儒教に裏づけられたもので、（中略）綱吉は仏教にも帰依し、一六八五（貞享二）年から二〇年余りにわたり生類憐みの令を出して、生類すべての殺生を禁じた。この法によって庶民は迷惑をこうむったが、特に犬を大切に扱ったことから、野犬が横行する殺伐とした状態は消えた。また、神道の影響から服忌令を出し、死や血を忌みきらう風潮をつくり出した。こうして、戦国時代以来の武力によって相手を殺傷することで上昇をはかる価値観はかぶき者ともども完全

に否定された。（『改訂版　詳説　日本史B』山川出版社、二〇二三年、二〇〇頁）

動物の命を大事にすることは人間の命を大事にすることに通じる。先述のように捨子を禁止したことなども併せ、生類憐みの令は人命軽視の世の中から動物や人間の命を尊重し治安の安定した世の中への転換をめざした、江戸幕府による政策転換に沿ったものであったといえるだろう。

「犬小屋」の建設と運営

さて、犬の話に戻ろう。生類憐みの令にともなって、江戸や周辺で増えすぎた犬を収容するため、江戸周辺に大規模な「犬小屋」がつくられた。犬小屋といっても、実態は多数の小屋を含む広い囲いの中に犬を収容したもので、「御囲《おかこい》」「御犬囲《おいぬがこい》」「御用屋敷」とも呼ばれた。

最初の犬小屋は元禄五（一六九二）年、喜多見（現東京都世田谷区）に主として病犬収容のためにつくられた。収容された犬は手厚く世話をされ、犬医者が薬を処方した。そこには病馬も収容されたという。元禄八年には四谷（現東京都新宿区）に一万九千坪、大久保（同）に二万五千坪の犬小屋がつくられ、中野（現東京都中野区）には一六万坪の犬小屋がつくられた（図1－2）。『徳川実紀』では中野には「不日に」一〇万匹もの犬が収容されたとされている。これはのちに三〇万坪近くにまで広げられたが、この面積は東京ディズニーランドの約二倍にも及ぶ。

犬小屋に収容された犬は、野犬・飼い犬を問わず幕府管理の「御犬《おいぬ》」となり、犬小屋へは周辺農

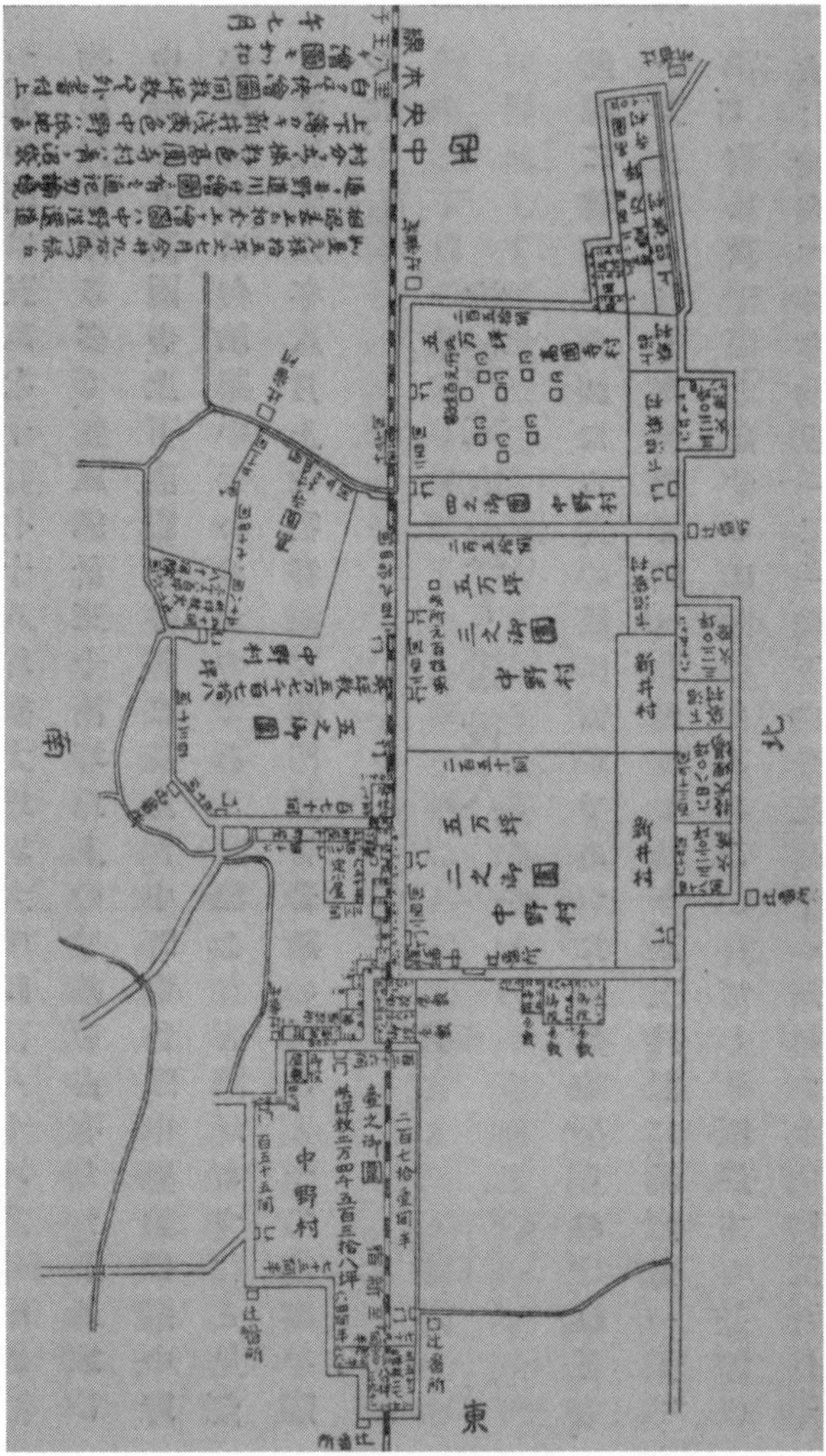

図 1－2　中野「犬小屋」の図。「壱之御囲」から「五之御囲」まであった。（高橋源一郎編『武蔵野歴史地理』第二冊、武蔵野歴史地理学会、1929 年、81 頁より引用）

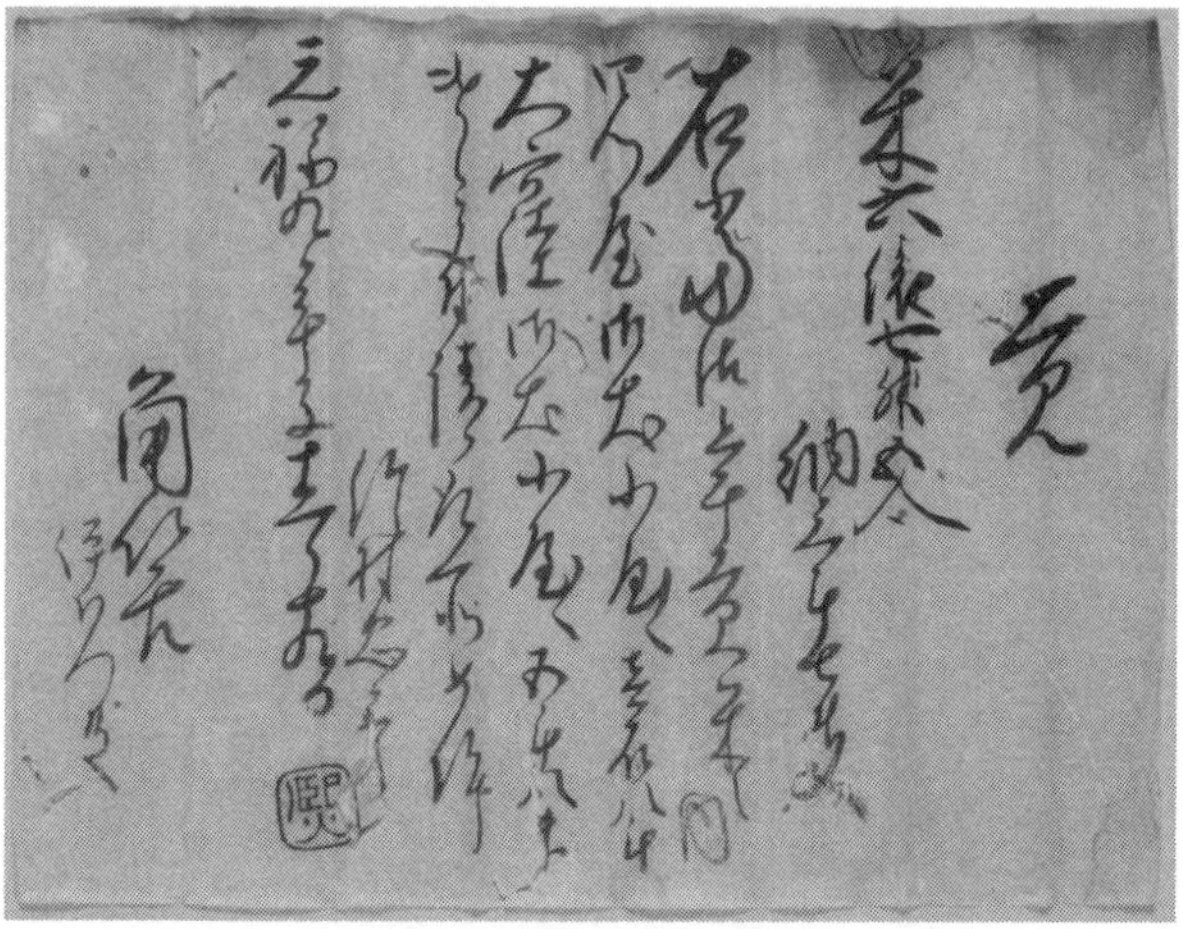

図1－3　元禄9（1696）年角筈村から「犬小屋」への年貢差出史料
慶應義塾大学文学部古文書室蔵〈角筈 3-B-49〉

村から餌としての年貢米が納められた。図1－3は、慶應義塾大学文学部古文書室所蔵の、元禄九年に角筈《つのはず》村（現東京都新宿区）から四ツ屋（四谷）の犬小屋へ一石八斗、大窪（大久保）の「犬小屋」へ五斗八升の年貢が納められたことを示す文書である。

だが、この大規模なプロジェクトはうまく機能しなかった。これだけの大量の犬の養育は難しかったようで、病死する犬も多かった。『撰要永久録　御触事』巻之九（東京都公文書館所蔵、南伝馬町名主高野家文書）によれば、元禄十年十月現在で中野・大久保両御用屋敷合わせて四二、一〇八匹の犬がいたとされるが、先に紹介した『徳川実紀』の、元禄八年の中野だけで一〇万匹という数字が本当だとすれば、二年間でかなり減ったことになる。御用地は徐々に元の持ち主の農民に返され、犬は村預けにされるなどした。

そして綱吉が亡くなった宝永六（一七〇九）年、犬小屋は撤去された。犬小屋の設置が長年に及んだので、その間に病死はしなくとも寿命を迎える犬も多かったことと思われる。『和漢三才図会』によると、この頃の犬は今と違って、一〇年も生きなかったという。犬小屋から解き放たれた犬たちがその後どうなったかを知る史料はないが、この段階まで残っていた犬の数はそう多くはなかったであろう。

中野区役所前にはかつて「犬屋敷」があったことを示す碑と犬たちの銅像が設置されている。

生類憐みの令の廃止とその影響

この節の最後に、生類憐みの令が廃止された後、世の中がどのように変わったか、変わらなかったかについてまとめておこう。

まず、生類憐みの令により鷹狩や鹿狩は廃止されたが、法令廃止後それらが復活されると、鹿や猪はじめ多くの野生動物たちが犠牲になることとなった。それらの動物たちにとっては生類憐みの令はまさに天の助けであり、逆にその前後は受難の時代であったといえよう（第三章参照）。

次に、生類憐みの令以前の日本人は犬を食べていたが、この法令実施以降、日本人は犬を食べなくなり、今日に至っている。生類憐みの令は日本の食文化にも大きな影響を与えたのである。

また、この法令により、牛馬を捨てることは禁止され、牛馬に重たい荷物を背負わせないこととされた。こうしたことが、のちのち労役に使った牛の労をねぎらい、供養する「牛供養塔」の創設などにもつながってくるのである（第二章参照）。このように、生類憐みの令の廃止は、動物により明暗を分けることとなったのである。

また、生類憐みの令の対象は人間にも及び、捨子が禁止されるなどした。

生類憐みの令を出した綱吉の意図の中には、動物の死の穢れを忌み嫌ったという面もあったようであるが、動物により明暗が分かれたとはいえ、生類憐みの令以降日本人の中で動物愛護精神が育まれることとなったことは確かで、経済的に豊かになった江戸時代後期には、犬や猫をペットとして飼う人も増えたのである（第五章及び *Interlude 3* 参照）。

二　かわいがられる犬たち〜「生類憐みの令」以降〜

前節で見たように、「生類憐みの令」とのちに言われることになる動物愛護諸令は綱吉の死後廃止されたが、日本人が犬を食べなくなる、犬や猫をペットとしてかわいがるなど、動物愛護の精神はその後の日本人に根付いていった。江戸時代の犬は、基本的には村や町に棲みつく地域犬であったが、江戸時代も後期に至って世の中が経済的に豊かになるにつれ、家で飼うようになる者も増えていったのである。

参宮犬

そうした中、自分の飼っている犬を自身の代わりに伊勢参りに行かせるということが見られるようになる。これは飼い主が仕事で忙しいとか経済的理由、健康上の理由などで飼い犬に代参させたもので、「参宮犬」「代参犬」「御蔭犬《おかげいぬ》」などと呼ばれる。沿道の住人や伊勢へ向かう見知らぬ旅人たちがリレー方式で犬の世話をしながら伊勢まで連れて行ってお参りをさせ、参拝が終わるとまたリレー方式で飼い主のもとへと送り返したものである。中には飼い主が意図的に送り出したわけではないが、人々に世話をされながら伊勢参りに連れて行かれた後、家に戻されてきた犬の事例もある。

驚くべきことであるが、こういったことは実は江戸後期以降、全国各地で広く見られたのである。口絵①「伊勢参りをする犬」にあるように、歌川広重の浮世絵にもその姿が描かれている。

参宮犬については生類憐みの令のように研究は豊富ではないが、仁科邦男氏の好著『犬の伊勢参り』(平凡社新書、二〇一三年)がある。また、参宮犬をイメージする上では、あおきひろえ(文)・長谷川義史(絵)の絵本『おいせまいり　わんころう』(ブロンズ新社、二〇一九年)がよい。ここでは仁科氏の書を参考にしつつ、伊勢参りをした犬と世話をした人たちの事例をいくつか紹介しよう。

『甲子夜話』の記述

仁科氏によると、参宮犬の例は明和期頃から見られるが、早い時期の確かな例として、平戸藩主松浦静山《まつらせいざん》の随筆『甲子夜話』の中の記述が挙げられる。

寛政十一（一七九九）年八月の日光社参の帰路でのできごとである。社参を終えた静山は、日光街道幸手宿近くの雷電宮で休息を取った後、出発すると、どこからか赤毛の犬がついてきた。見るとその犬は首に紐をまとい、その紐には多くの銭が通してあった。また小さな木札をつけ、それには「参宮」と記してあった（この後に紹介する事例でも出てくるが、首に銭を巻き「参宮」と書いた木札をつけているのは典型的な参宮犬の姿である）。人に聞くと、その犬は奥州白河から伊勢へ行くのだという。犬はその後どこに行ったのかわからなくなったが、再び静山の前に姿を現し、そしてまた姿を消した（仁科、二〇一三）。

出羽国から伊勢参り

寛政十二年、出羽国対馬村（現山形県東田川郡三川町押切新田対馬）には次のような史料が残っている。その史料は『三川町史資料集』第二十二集（山形県三川町、二〇〇六年）に収載されており、仁科氏の書（仁科、二〇一三）ですでに紹介されているが、面白い史料なので、本書の読者とも共有することとしよう。

覚

私飼ひ置き候白黒のもく犬（むく犬―筆者注）年三才、去る未（寛政十一年―筆者注）三月頃より相見へ申さず候ところ、伊勢参宮仕り候由に相見へ、銭一貫七百文余越後路之方より段々継ぎ送りにて、当月十五日下着仕り候。最初何国より送り初め、銭は何国にて添へ候事共相分かり申さず候。珍しき事ゆえ風聞も御座有るべきと、一通り申し上げ候。以上。

対馬村　九左衛門

寛政十二年申三月

肝煎　政右衛門殿

（『三川町史資料集』第二十二集一二七頁より）

対馬村九左衛門の飼い犬のむく犬が一年前から姿を消した。伊勢参宮に行ったと見え、銭一貫七百文余も越後の方から継ぎ送りして、今月十五日に自宅に到着した。最初どこの国から送り始め、銭はどこの国で添えたのかわからない。珍しいことなので風聞もあるかと、届け出たというものである。

これに関連する史料が三点残っている。

覚

一、犬壱疋

外に銭壱貫四百五拾九文
右の通り先々より送り返し候間、別送継ぎ申し候。以上。
申三月十日
新潟港
役所
沼垂町
御役所

覚
一、犬壱疋
銭壱貫四百七拾文
右の通り先宿より送り来たりに付き、継ぎ送り候。御受け取りならるべく候。
三月十一日
岩船町
村上町へ

覚
一、犬壱疋
右の犬、伊勢参宮致し候由にて、伊勢地より送り来たり候ところ、此方に風聞にて津嶋（対馬

―筆者注）九左衛門殿飼犬の由風聞これあり候に付、道筋通り御添心を以て右村へ御送り下さるべく候。外に銭壱貫七百文余り御座候。宜敷御添心下さるべく候。以上

申三月十四日　　馬町村

道筋通津嶋村迄

村々肝煎衆様

（以上、同じく前掲『三川町史資料集』第二十二集一二七頁より）

三点の史料を総合すると、九左衛門の犬は伊勢参宮をした後、伊勢から送られてきて、三月十日新潟港から沼垂町（現新潟市沼垂）に継ぎ送られている。その際銭一貫四五九文も送られているが、三月十一日に岩船町（現新潟県村上市岩船）から村上町（現新潟県村上市）へ継ぎ送られたときには、銭は一貫四七〇文に増えている。さらに自宅まであと一息の出羽国馬町村（現山形県鶴岡市馬町）に着いたときには、銭は一貫七〇〇文にまで増えている。そして自宅に到着したときには銭は一貫七〇〇文を超えていた。

このように、参宮犬に添えられた銭が増えていくことは一般的に見られたことで、道沿いの住人や道行く人々が恵んで付け加えていったものであろう。そのことは後に紹介する武蔵国下丸子村の例からも窺える。また、最後の史料にあるように、沿道の町や村では、犬を丁重に送るよう先々の村々へ申し送りをしたのである。このような史料は他にも残っている。

伊勢参りの途中で出産した犬が親子で参宮へ

これも仁科氏の書（仁科、二〇一三）ですでに紹介されているが、『廣島市史』第参巻（廣島市役所、一九二三年）には、文化十（一八一三）年のこととして次のような事例が掲載されている。

十二月八日、伊勢参宮の犬、母子二頭が広島を通過した。母犬は長州藩士某の飼い犬で、伊勢参宮のため首に「御犬」と記した標と銀銭若干とを着け、単身で出発したが、防州久米市（現山口県周南市）に至って子を分娩したのである。里人はこれをいたわり、撫育した。そのうち神のお告げがあって、母子を東上させ、その月のうちに母子二頭は防州花岡駅（現山口県下松市）に到着した。宿駅の役人が木札にその趣旨を記し、各宿駅で注意してかわいがり、泊まらせて、宿代は首にかけた銀銭を両替して収め、余ったお金はまた首に巻いて出発させるようにという依頼の文を記し、母犬の首に着けて送り出した。十二月七日に芸州佐伯郡玖波駅（現広島県大竹市）にやってきた。宿駅の目代幸右衛門が、木札が破損しているのを見て新しい木札を作り、紅い紐で犬の首に巻いて、別に添え状を付けて同郡廿日市駅に送った。この日、二頭の犬は廿日市駅から添え状、送り状、正銀五匁八分、丁銀一五〇文（ママ）、打替一個、木札二枚、杖一本を着けて広島に到着し、一晩泊まって東上した（同書一九七頁）。

同市史には続けて、もとになった史料が掲載されている。

口上之覚

一　犬親子、参宮望みにつき、長州御家中より罷り出申し候。下筋より宿々送り来たり候間、
少しも滞りなく御送り下さるべく候。以上。

酉十二月七日　　久河（波—筆者注）駅問屋　助左衛門　印

掛りの

御役人中様

（木札写し）

口上

この犬、参宮之望と相見え、長州家中より罷り出候ところ、周防久米市にて一子誕生仕り、それ故留め置き候ところ、神託これあり候に付き、よんどころなく送り出し申し候。宿々お気を附けられ、一宿ずつお貸し下さるべく候。敷銭たくさんに相成り候節は、両替なされ、首にお附け送り下さるべく候。この段頼み上げ奉り候。以上。（傍線筆者）

但し首に鉄印御犬と御座候。

（裏）

文化十酉十二月　　防州花岡駅

尚々下地木札破損に付き、玖波駅に於いてこの通り調え替え、首ひも紅にて調遣わし候事

同月七日

芸州玖波駅
目代
幸右衛門　印

覚

一　犬一疋　　　　　　　　但し子連れ
右はこのたび下筋より継ぎ送り、伊勢参宮の由に御座候。宿々お気を付けなされ然るべきと存じ奉り候。泊まり所にては座上にて御寝小ふとんにても御着させなさるべく候。（傍線筆者）
但し泊まり所にては飼料少し御取りなさるべく候。
酉十二月　　　　　　　　　玖波駅
宿々

覚

一　犬一疋　　　　　　　　但し子連れ
右はこのたび下筋より送り来る。伊勢参宮致し候趣に御座候間、宿々御念入れられ御継ぎ送りなさるべく候。以上。

酉極月八日　　　　　　　　　　　　廿日市駅

宿々

覚

一　犬二疋　　　　　　但し子連れ

一　正銀五匁八分

一　打替　　　　　　一つ

一　木札　　　　　　二枚

一　丁銀百五十文（ママ）

一　杖　　　　　　　一本

犬が途中で出産すると、防州久米の里人が世話をし、その後は母子二頭で参宮の旅を続けたとは驚きであるが、そのほか首に巻く銭が多くなったら銀貨などに両替して軽くしてやってくれとか、泊まるところでは座上に上げて布団を着せてやってくれなどと記して継ぎ送り、動物愛護もここに極まれりという感じである。

その他の参宮犬の事例

参宮犬の事例は上記以外にも多数存在する。仁科氏の書（仁科、二〇一三）には、文政十二（一八二九）年に本居宣長が伊勢参宮をしたときに首に銭や祓い串などを着けて伊勢参宮をした白い犬を見た記録、文政十三年に阿波国徳島から首に銭と金子《きんす》をくりつけ「町送り」で伊勢参詣をし無事帰国した「おさん」という犬の記録、天保二（一八三一）年に通りかかった「伊勢参詣犬」に村入用の中から銭一六文を施した武蔵国下丸子村（現東京都大田区下丸子）の記録などが紹介されている。また『武江年表』で知られる斎藤月岑《さいとうげっしん》の日記の天保四年九月三日の項にも参宮犬に関わる記述が見られる。

江戸後期以降全国で広く見られた参宮犬の事例は、その時代ともなると人々の間で経済的にも気持ちの面でもゆとりが出てきたことの証しであるといえるだろう。江戸時代も後期になると、犬を斬り殺していたような元禄までの社会状況はすっかり影を潜め、世の中全体に動物愛護の精神が一般化していたのである。

また、鉄道も自動車もない時代、人々がはるばる伊勢まで歩いて旅をする時代であったからこそ、犬が伊勢参りをするという、今では考えられないことが可能だったのだ。文明の発達は人間社会に多くの恩恵をもたらしたが、それによって失われたものもあるのである。

明治政府による地域犬の虐殺と最後の参宮犬

江戸時代の間に村や町など地域に棲みついていた犬たちは、子供たちのいい遊び相手になっていたという側面もある一方、人に吠えかかったり、時に噛みつくようなこともあった。そこで、時代が変わって明治の世となると、政府は狂犬病対策と、欧米に倣おうということから、犬は個人の飼い犬以外認めない方針を採るようになり、明治六（一八七三）年には東京府が「無主の犬は殺すべし」とする「畜犬規則」を布達、各府県もこれに倣った。これにより、無主の犬は邏卒《らそつ》（巡査）によって撲殺されることとなった。おそらく北海道開拓の際の狼の虐殺も、同じ脈絡で考えてよいだろう。

しかしこの方針は残酷すぎると、外国領事の反感を買い、明治十四年には捕獲した犬はとりあえず警視庁内の檻に入れておくようにしている。

このような状況では犬を伊勢参りさせることも困難になってくる。記録上の最後の参宮犬は、明治七年九月、東京和泉町（現東京都中央区人形町）の古道具屋が無主の犬を見て、殺されたらかわいそうと思い、自分の名前と町名を書いた札を付けてやったところ、誰かが参宮犬だと思って伊勢参りの途につかせ、継ぎ送り送ってお参りをすませ、最後は無事古道具屋のもとへ帰ってきたというものである。犬は途中施しを得て、帰ってきたときには金六円も着けてあったという（仁科、二〇一三）。

（参考文献）

『新訂増補　国史大系　徳川実紀』第五編・第六編　吉川弘文館、一九七六年
『撰要永久録　御触事』巻之九　東京都公文書館所蔵、南伝馬町高野家文書
『東京市史稿』「市街篇」第十・十一・十二　東京市役所、一九三一年
『廣島市史』第参巻　広島市役所、一九二三年
『三川町史資料集』第二十二集　山形県三川町、二〇〇六年
塚本学『生類をめぐる政治—元禄のフォークロア—』平凡社、一九八三年
同『江戸時代人と動物』日本エディタースクール出版部、一九九五年
中澤克昭編『人と動物の日本史二　歴史のなかの動物たち』吉川弘文館、二〇〇九年所収、岡崎寛徳「生類憐れみの令とその後」
仁科邦男『犬の伊勢参り』平凡社新書、二〇一三年
同『「生類憐みの令」の真実』草思社、二〇一九年
根崎光男『生類憐みの世界』同成社、二〇〇六年
山室恭子『黄門さまと犬公方』文春新書、一九九八年

第二章　牛と馬が支える江戸時代の暮らし

髙橋美由紀

はじめに

まず、明治初期の史料から江戸時代の牛馬の用いられかたについて考えてみたい。明治時代になると英国や米国など近世期には交流のほとんどなかった外国の文化が日本国内に流入し、従来からの暮らしに変化がもたらされた。もちろん、開国時から少しずつ変化は訪れていた。このような変容は、牛や馬など人々の暮らしに身近な存在であった家畜においても同様であった。

たとえば、五代将軍徳川綱吉による「生類憐みの令」以降は正式には食べることが認められていなかった牛についても「明治の文明開化」の代表格として「牛鍋」の流行が知られている。明治四年十二月に古代から禁忌とされていた肉食が明治政府によって許可されたのである（原田、二〇〇五）。また、翌五年一月には天皇が自ら牛を食したことが『新聞雑誌』でも報じられた（一橋大学附

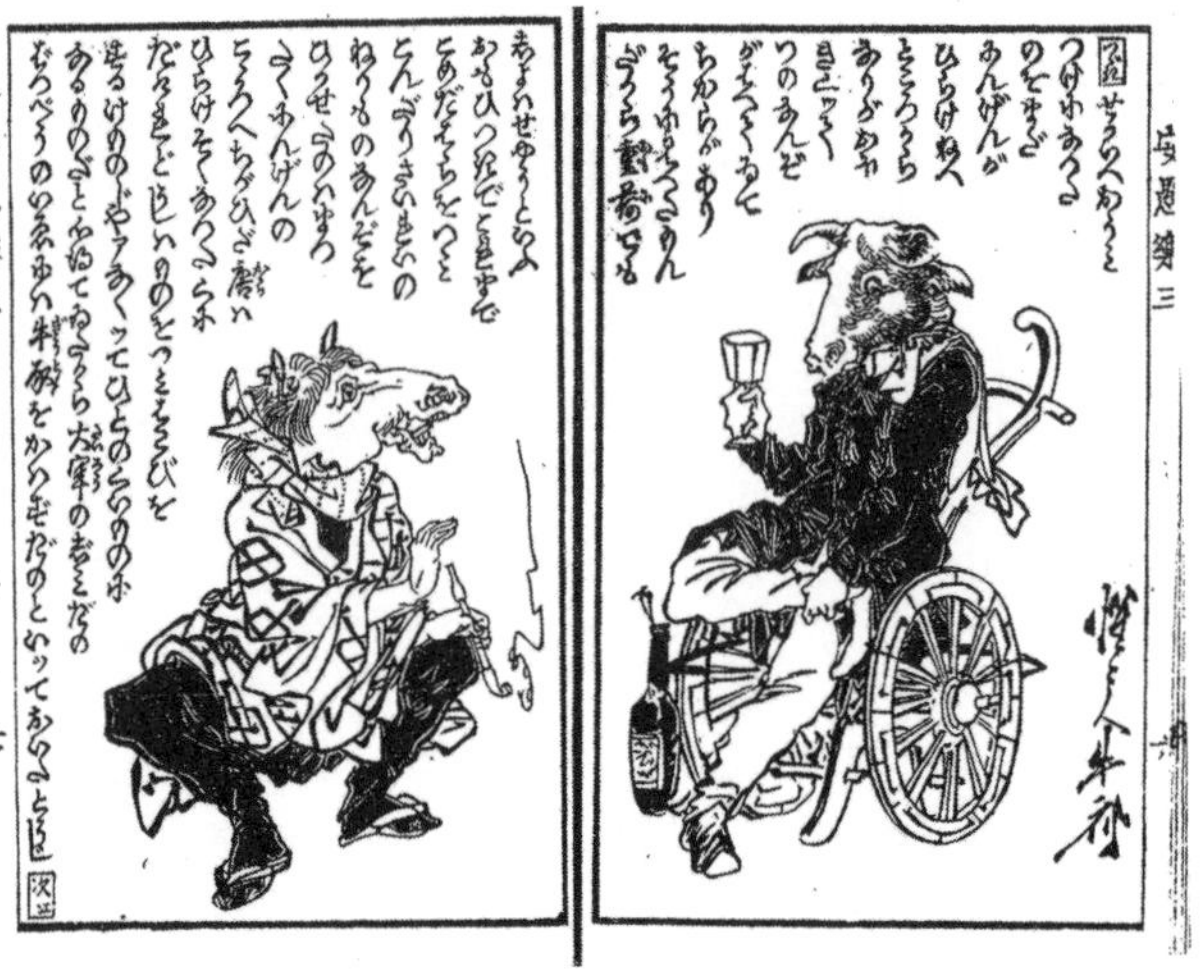

図2-1　仮名垣魯文『安愚楽鍋』「当世牛馬問答」 国立国会図書館デジタルコレクション　明治4〜5（1871〜72）年

属図書館、二〇一三)。さらに、石川県農業講習所教師であった渡邊護三郎(学農社社員)は「犢《こうし》養育法」において明治初期における牛肉食の流行状況下では日本中の牛を食べつくしてしまうとして子牛の養育の必要性とその方法を述べている(渡邊、一八七六)。

ここで、当時の状況が体現された仮名垣魯文『安愚楽鍋《あぐらなべ》』「当世牛馬問答」(明治四〜五年)に描かれた明治初期の牛と馬の会話を見てみよう(図2-1)。

馬「牛公久しく会わねえうちてめえはたいそう出世して羅紗のまんてるにズボンなんぞですつばり西洋風になってしまったぜ。うまくやるな」

牛「おぉ馬か。てめえこそ、この節はたいそう立派な車をひいて一六[*1]にやぁ賑やかなとこへばかりどんたくにでかかるそうだがうらやましいぜ。おれたちは牛々と世間でもてはやされるようにはなったけれど、ほんの名聞ばかりでうまれて物心が付くかいかねえうちに鼻綱を引かれて築地や横浜へ身を売られたあげくが四足をくいへゆわい付けられてポンコツをきめられてヨ。人間の腹へ葬られて実にふさいてしまうわいサ」

馬「イヤそうでねえ。ぜんてえてめえの仲間は高輪の船場や大津の芝やまち辺りで車を牽く身の上じゃあねえヨ。天道様から人間の食物になるようにとの世界へお産みつけになったのを、まだ人間が開けねえところからなりが大きくってつのなんぞがはえていて力がありそうに見えたもんだから重荷でも背負わせようという思いつきでこれまで米俵を積み込んだり祭礼のねりものなんぞを牽《ひ》かせたのは全く人間の心得違いだ……」

この文章からは、牛馬と人間の関わりの変化が端的に窺える。江戸時代の牛の役割は米俵などなどを積んだ牛車《うしぐるま》を牽くことであったのが、明治期になってから人間に食されることが中心になったのである。

運搬と牛馬

江戸高輪で荷物を牽く牛の様子は、歌川広重（二代）の錦絵である東都三十六景「高輪海岸」（本書カバー絵）にも描かれている。高輪海岸は、現在ＪＲ高輪ゲートウェイ駅となっている辺りであ

図2−2　二代歌川広重　諸国名所百景「東都高輪海岸」 国立国会図書館デジタルコレクション、文久元（1861）年

図2−3　初代歌川広重　名所江戸百景「馬喰町初音の馬場」 国立国会図書館デジタルコレクション、安政4（1857）年

る。ここには、異国船に荷を取りに行く小舟を背景に車を牽いている牛の姿が描かれている。また、広重（同）の諸国名所百景「東都高輪海岸」（図２－２）では異人と思しき人物が海岸沿いに馬に揺られている。これらからは、馬は人を運び、牛は車を牽き荷物を運ぶという役割分担が見られる。近世において馬は車を牽くことはなく、荷物を運ぶときにも振り分けの形でその背に負うのが常であった。馬車は明治になり道が整備されるとともに西洋文化の導入に伴って日本に入ってきたのである。

　もともと、牛は西日本地域で米俵など重量のある荷駄を積んだ車を運ぶ仕事に用立てられていたが、江戸の町中でも材木や石など重い荷物を牽くために西日本から牛車が導入された。牛持ちが江戸に居住することになった由来は、寛永十一（一六三四）年の増上寺安国殿建立と同十三年の市ヶ谷見附石垣普請の際に京都から江戸には存在していなかった牛持人足と牛が連れてこられて、市ヶ谷八幡宮前に牛小屋が設けられたことに端を発する。普請が終わり牛牽きたちは京都に帰ろうとしたが、三代将軍徳川家光から居宅を与えるので江戸に留まるようにとの指示があり、高輪に牛小屋が設置された。*2

このころ、日本国内で牛車が存在していたのは、京都・駿府・仙台の三地域のみであった。河鍋暁斎画、東海道名所風景「東海道高輪牛ご屋」（口絵②）には高輪に設けられていた牛小屋で中から大名行列の様子を見ようとする子どもが牛の背に乗っている様子が描かれている。道で平伏する大人達と対照的で子どもの好奇心を窺わせる絵である。歌川広重（初代）画、名所江戸百景「馬喰町初音の馬場」（図２－３）の「馬喰町《ばくろちょう》」は、現在も東京に残る地名であるが、牛や馬の生態の知見に秀でその取引を担っていた博労《ばくろう》が住んでいたことによる命名であるとも言われる。

さて、日本国内における牛馬の分布については、「西の牛、東の馬」と言われる。統計的にこの様子を知ることができるのは、明治期になって全国を網羅する統計が整備されてからとなる。口絵⑤は、明治十三（一八八〇）年の『共武政表』から作成した牛馬分布図である。これは、郡ごとに飼育されている牛の頭数を馬の頭数で除したものであるので、必ずしも数値が高いからと言って馬が飼育されていないわけではなく、両方の頭数が多い地域も存在する。このことを念頭に置いた上で検討する必要があるが、日本の東側の地域では馬が多く、京都を中心とした西側地域では牛の割合が高い。しかしながら、九州南部や四国南部の地方では馬のほうが多い地域も存在することがわ

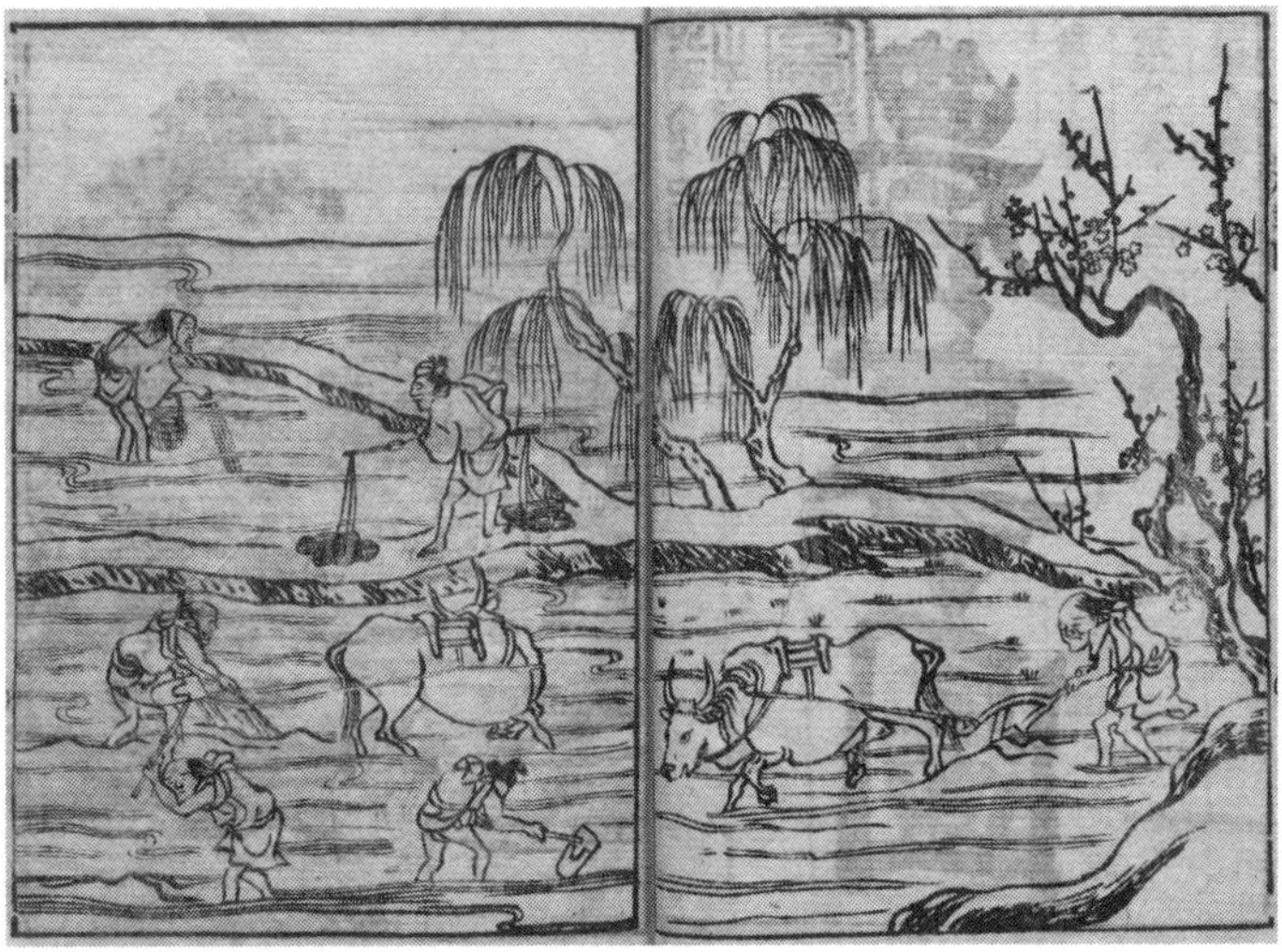

図2-4　宮崎安貞著『農業全書Ｉ』　国立国会図書館デジタルコレクション
元禄10（1697）年

かる。このような地域分布は明治期になってからの変化もあるだろうが、近世期の状況を引き継いでいる場合も多い。また、この分布については、鎌倉期に成立したと言われる。「国牛十図」[*3]にも同様の記述がある。牛馬分布の状況は、牛や馬の人間の生活への利用の仕方による違いとも考えられる。

たとえば、農耕において牛馬からの堆肥は重要であるが、馬糞の方が牛糞よりも温度が高いために寒冷な地域には適していると考えられた。また、馬耕は明治期になって乾田化が進んで導入され始めたが、それまでは馬が農作業に使用されるとしても専ら代掻《しろか》きであった。これに対して京都周辺地域では、牛が農耕に使用されていた様子が近世に著された書物、宮崎安貞著『農業全書』（元禄十（一六九七）年）からも知ることができる。図2−

図2−5　宮崎安貞著『農業全書Ⅰ』　国立国会図書館デジタルコレクション
元禄10（1697）年

4では牛が犂を牽く田起こしの様子が描かれ、図2－5では稲刈り時に運搬に使用される牛の姿が描かれている。

街道と馬

近世期における馬の役割は何といってもその速さから人や物を運ぶことに置かれていた。参勤交代・物資流通・旅の習慣化などにより江戸期は人や物の往来が盛んであった。街道筋に設けられた宿場には馬と人足を常備するよう幕府から定められていたし、参勤交代などの大量の人や物資の往来時には、宿場の近隣に定められた助郷《すけごう》村からも馬や人足が集められた。これは、村落にとっては特に農繁期には重い負担となってのしかかった。馬継《うまつぎ》の様子は錦絵にも描かれている。広重（初代）の「東海道五十三次　藤枝」（口絵③）には、

図2−6　初代歌川広重「東海道五十三次　大津」
国立国会図書館デジタルコレクション　天保5（1834）年頃

問屋場で人馬が継ぎ代えられる様子が描かれている。これに対し、大津（図2－6）においては米俵が積み上げられた車を牽く牛の絵が描かれている。名所江戸百景の「四ツ谷内藤新宿」（口絵④）において足元の馬糞とともに描かれた馬の足には、藁で作成された沓《くつ》が描かれている。近世日本において馬沓《うまぐつ》は蹄鉄の代わりに馬の蹄を守る役割を担った。同様に牛沓《うしぐつ》も作成された。

戦《いくさ》がみられなくなった江戸期において、馬は武士の威信を高めるためにも飼育された。八代将軍徳川吉宗は馬産に関心を持ち、海外からアラブ種の馬を導入したことや馬の調教師として、オランダ人のケイズルを江戸に招いたことでも知られる。馬産は、馬が育つことのできる広い地域である東北地方などにおいて営まれ、地域によっては重要な収入源ともなった。江戸近郊である房総には、将軍の御用牧《ごようまき》である小金牧《こがねまき》が設けられ（図２－７）、その中では自由に馬が生育された。広重（初代）の冨士三十六景「下総小金原」（図２－８）は、その御用牧を描いた有名な錦絵である。広い草原に草を食む馬の背景には富士山が描かれている。馬が放牧地から村に出ていかないように野馬土手や堀が設けられてはいたが、馬はたびたび牧から外に出てしまうこともあった。牧で馬の管理にあたるという重要な任務を担った牧士《もくし》には鑑札が下げ渡され士分を付与された。牧の馬は三歳くらいなると選り分けられて、武士の使用に供されない馬は地域農民に払い下げられ、荷駄の運送に使用された。牧の存在は、牧から田畑に侵入した馬による農作物の被害という形で地域農民にとっては負の影響を与えることもあった。

図２－７　小金牧の位置（長岡篤氏作成）

また、御用牧から抜け出して村に入り込んだ馬は、田畑を荒らす以外にも、さまざまな事件を引き起こした。たとえば、宝暦四（一七五四）年三月二十八日の朝には、寺の井戸に馬が落ちたとして騒ぎになった。[*4]

下総国葛飾郡花野井村の名主吉田家は牧士も務めていた。花野井村には大洞院という曹洞宗の寺がある。朝八時頃にその呑み

図2-8 「小金牧の風景と野馬」初代歌川広重「冨士三十六景　下総小金原」国立国会図書館デジタルコレクション　安政5（1858）年

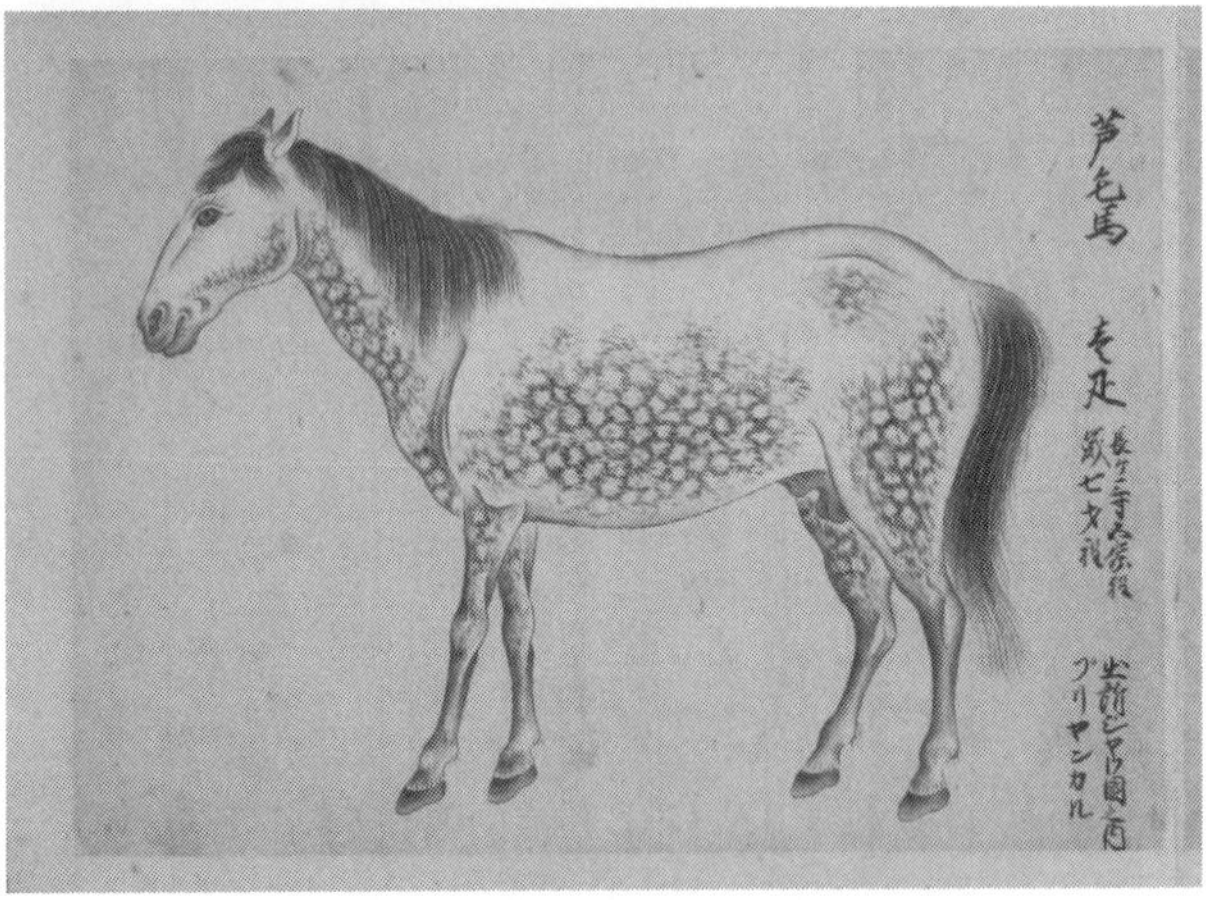

図2-9　葦毛馬『唐蘭船持渡鳥獣之図（馬之図）』　慶應義塾図書館蔵

図2－10　神馬舎に奉納されている馬の牽き物（岩手県奥州市水沢駒形神社内、写真提供：水沢駒形神社）

井戸に馬が落ちたという連絡が寺にあった。御野馬であったら一大事だということで、井戸から馬を上げるように組頭に連絡をし、名主の甚左衛門と組頭の忠左衛門にも注進に及んだ。確認してみたところ、馬はすでに死んでいたが、鹿毛駒三歳で高田台牧の馬であることが分かった。いったいこの馬がいつ落ちたのかということも確認したが、寺僧の居所からも井戸は離れており、いつ落ちたのか分からないということであった。朝八時頃に、寺の下人である長次郎という者が井戸に水を汲みにやって来たところ、井桁が壊れ、井戸端に馬の足跡があったため、井戸をのぞき込んだところ、馬が落ちているのを発見して寺僧にその旨報告したということであった。その後、この井戸の大きさなども見分が行われた。

江戸期に日本に持ち込まれた動物を著した

『唐蘭船持渡鳥獣之図（馬之図）』（図2－9）は、馬の絵とともにその毛並・出所・雌雄の別・体軀・年齢などが記載されている。毛並には、鹿毛《かげ》・黒鹿毛二白・鹿毛星・紅栗毛・青毛・黒鹿毛・葦毛などがある。図は葦毛のものであり、『馬之図』に描かれた葦毛馬の出所はジャワ国プリヤンカル[*5]と記されている。葦毛馬は祭りの際の神馬としても用いられることがあった。図2－10は、岩手県奥州市水沢の駒形神社神馬舎《しんめしゃ》のものである。

神社と馬の関わりは深い。たとえば、馬が神の乗り物として奉納されたことから、神への祈りに際して絵馬が用いられることになったと言われている。また、観世音菩薩の化身である馬頭観音が日本の各地域に見られる。馬頭観音は近世には馬の息災・供養のために奉納された。これらのことも馬の神聖さと同時に馬が人々の暮らしに重要な関わりを有していたことの象徴といえる。

村の暮らし――人・世帯・馬と牛

江戸期に作成された宗門や人口を調査するための史料である「宗門人別《しゅうもんにんべつ》改帳《あらためちょう》」の記載からは、世帯の人数や持高の記載とともに各村落や各世帯にどのくらいの馬が飼育されていたのかがわかることがある。

図2－11は、武蔵国葛飾郡下高野村（現在の埼玉県北葛飾郡杉戸町）のものである。帳面には、世帯の構成員が書かれた後に、馬の所有頭数と毛並および年齢が記されている。興味深い事象は、毎年の記録をたどってみた場合に馬の年齢は一歳ずつ上がるのではなく、毎年「八歳」のように同じ

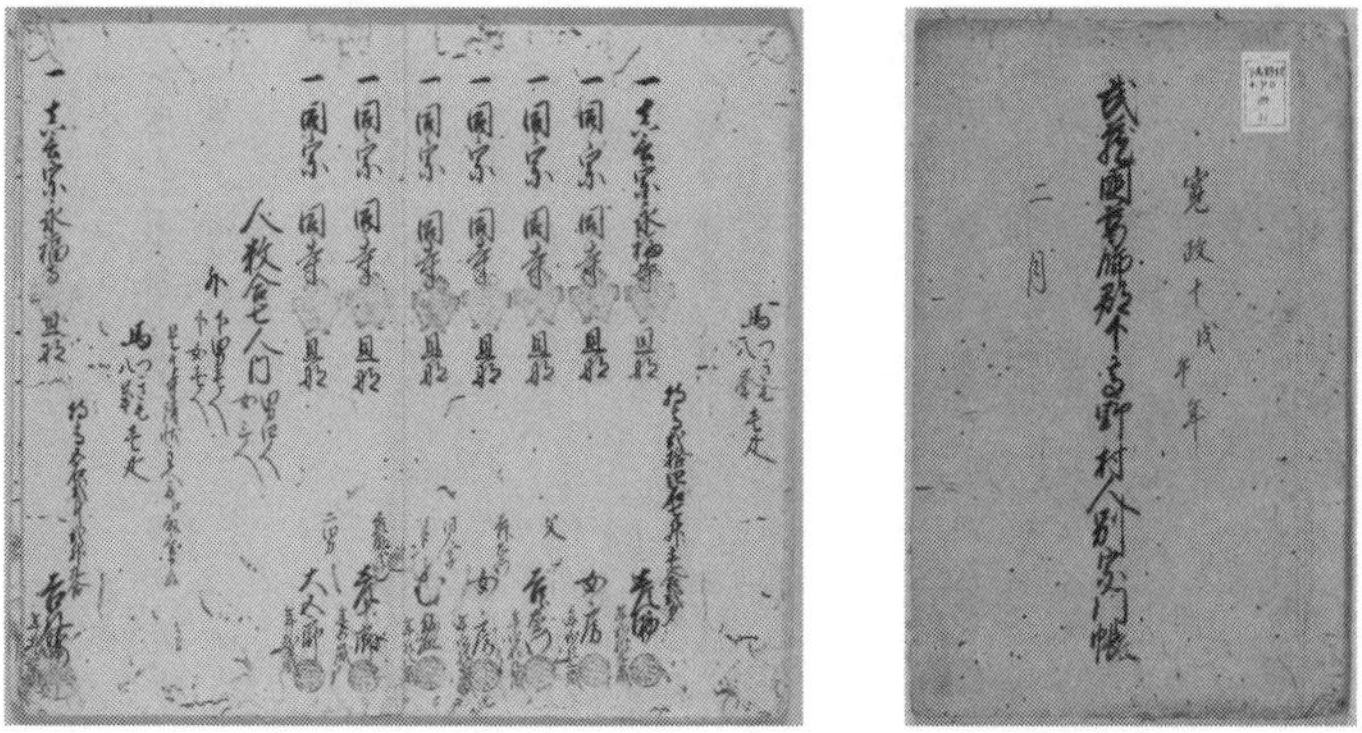

図2－11　武蔵国葛飾郡下高野村人別宗門帳　慶應義塾大学古文書室蔵
寛政10（1798）年ほか

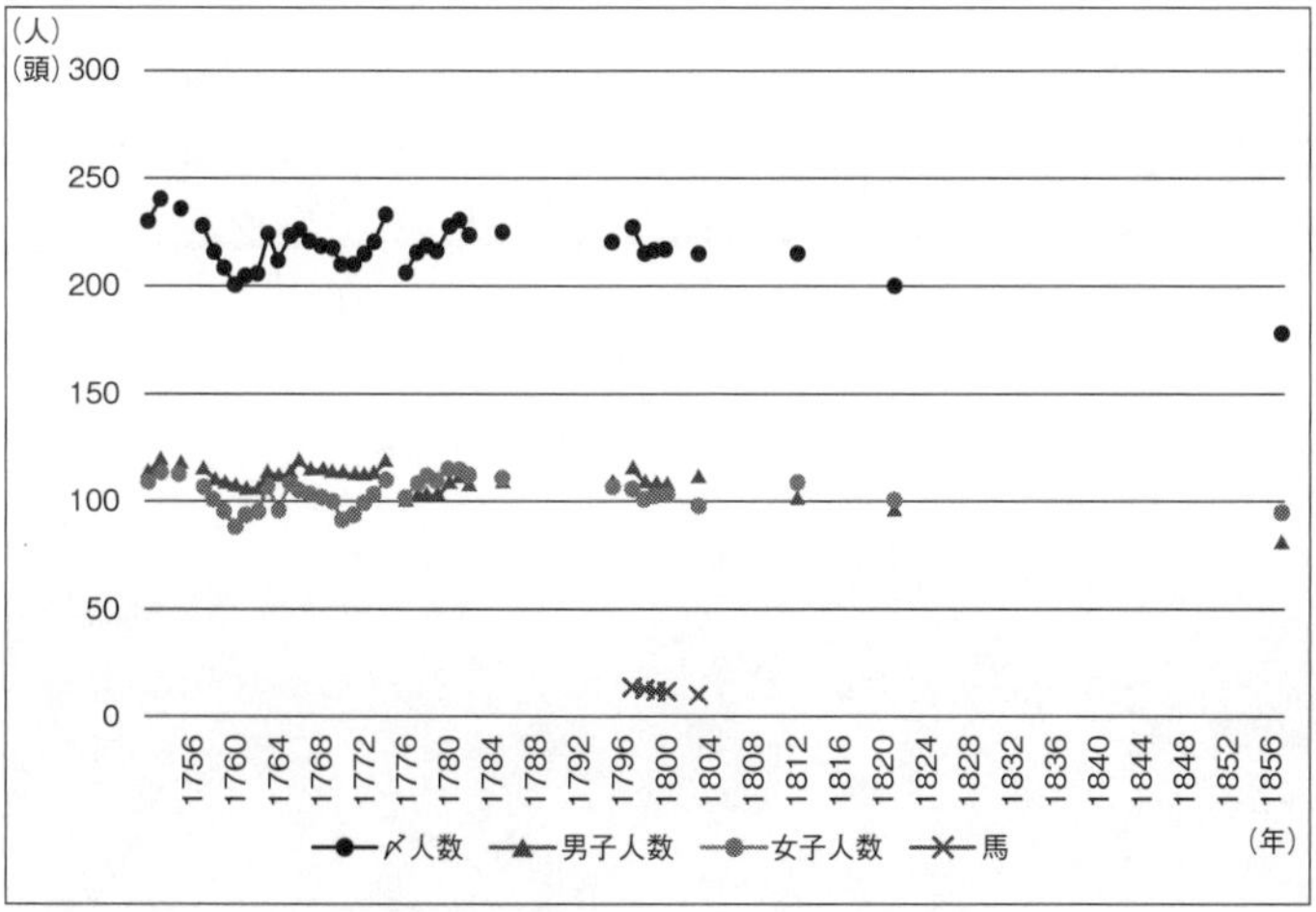

図2－12　人口と馬の趨勢（著者作成）

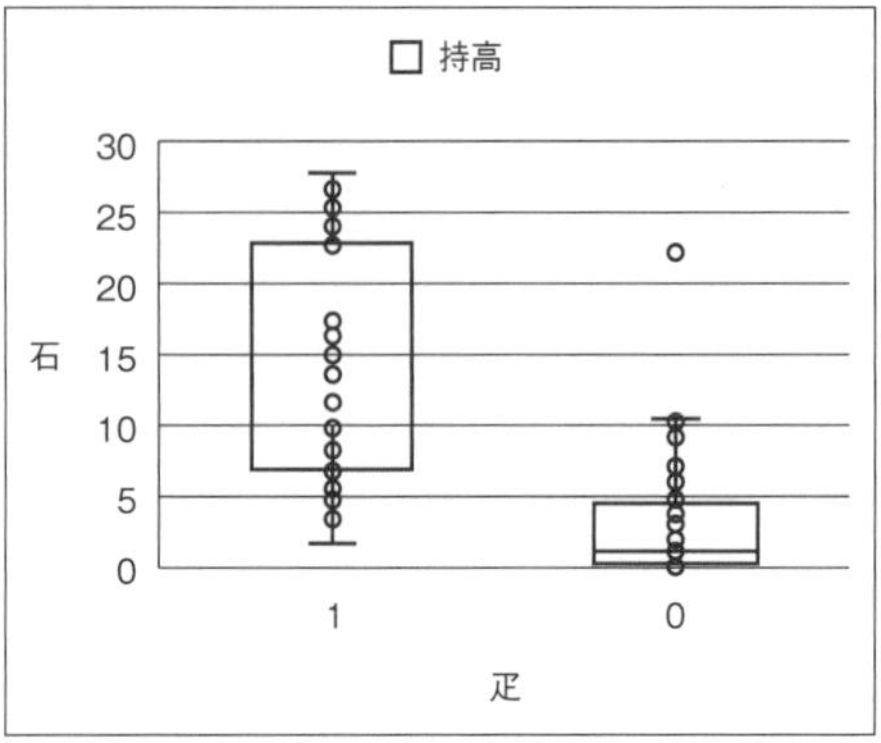

図2−13　石高と馬の有無（著者作成）

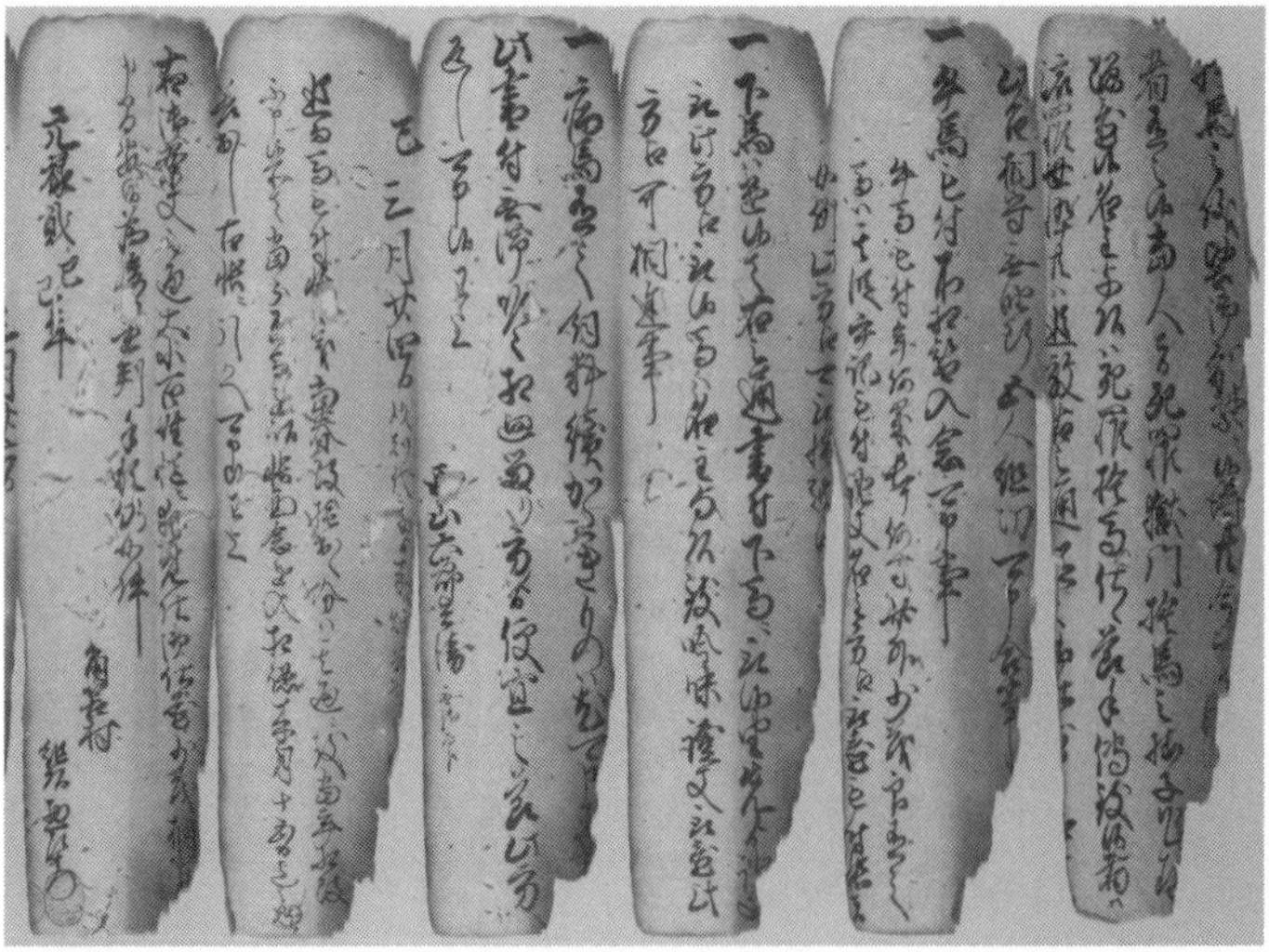

図2−14　捨馬の禁止（武蔵国豊島郡角筈村）慶應義塾大学文学部古文書室蔵
元禄2（1689）年

図2－15　玉泉寺　牛の供養塔（著者撮影）

年齢が記載されていることが多いことである。馬の年齢は大体八歳くらい、としておけばそれ以上の情報は必要がなかったということだろう。毛並は鹿毛・栗毛・月毛（クリーム色）の順に多い。下高野村の宗門人別改帳自体の残存は宝暦三（一七五三）年から安政四（一八五八）年までの約百年間にわたるが、そのうち馬の記載があるのは寛政十（一七九八）年から文化元（一八〇四）年までで十年にも満たない。この時期のみ馬が飼育されていたとは考えにくいことから、この時期に馬の調査が必要と考えられたのだろう。

ここで示した宗門人別改帳の記載は、月毛八歳のものである。年数も限られているので、確かなことは言えないが、馬の頭数は人口の減少とともに少なくなっているように見受けられる（図2－12）。

二疋《ひき》以上の馬を所有している世帯はない。世帯持高と馬の所有の関係においては、世帯持高の多いほうが馬を所有する確率は高いといえるが、必ずしもその限りではない（図2－13）。

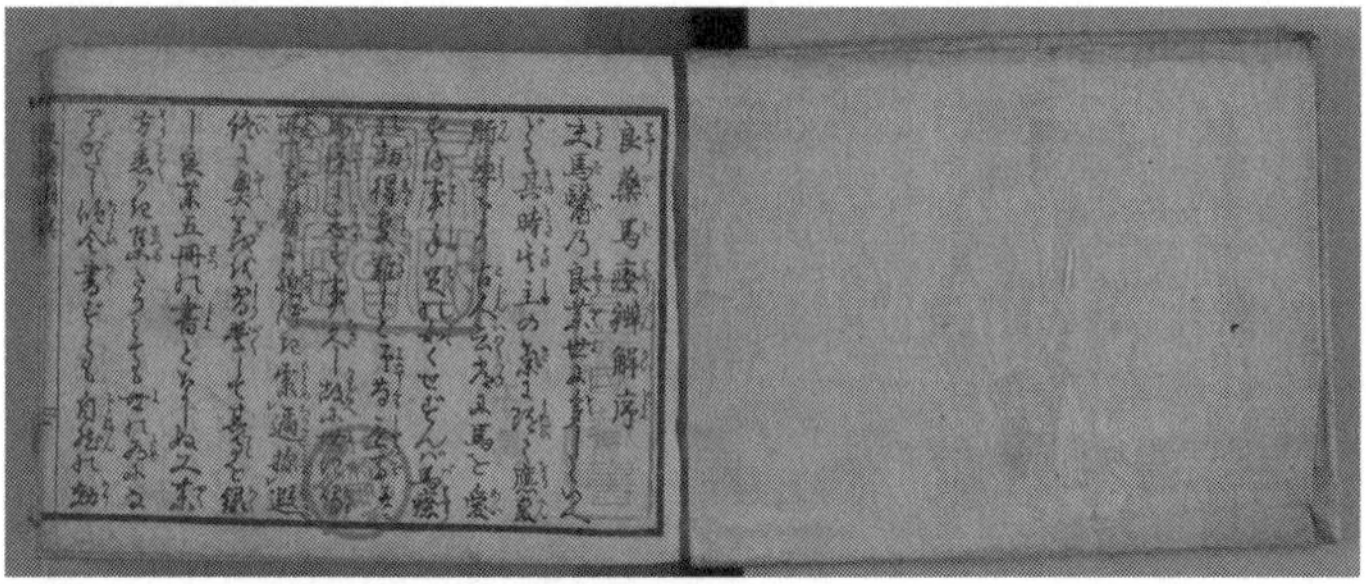

図2-16　『良薬馬療弁解』国立国会図書館デジタルコレクション　宝暦9(1759)年

牛や馬が人々に大切にされていたことは、牛馬の墓を作成したり、捨馬を禁止したりする触れなどからも窺える。保存中に焼失して一部分が解読できなくなっているが、史料（図2－14）の最初には「捨馬を堅く禁じている」ことが書かれ、捨馬をした場合には、「死罪獄門」という厳罰に処せられる旨が記されている。「生類憐れみの令」を表す内容である。

牛の墓は、大津や津山など西日本に多いが、東日本にもいくつか存在する。開国後にハリスが滞在した現在の静岡県下田市の玉泉寺では屠殺が行われたことにより、牛を供養するために台座に牛の絵が描かれた牛王如来が昭和期になってから奉納された（図2－15）。また、この寺には牛乳発祥の地であるとして森永乳業により奉納された牛の絵柄が刻まれた碑が存在する。長野の善光寺には、昭和期にインドから送られてそこで死んだ牛を供養するために立派な牛の墓が作られ、現在は動物供養墓となっている。

おわりに

牛馬は前近代社会において生産を支える重要な資本であるだけ

ではなく、人々の友人もしくは家族でもあった。そのため、家畜の医者も存在し、その医術も発達した。

馬の医術は古代に端を発する。大宝律令（大宝元（七〇一）年）の従八位の部には馬医師があった（白井、一九七九）。戦国時代には、馬は戦において重要な役割を果たしたため、馬医もまた武士とともにあった。馬の医術にも流派が存在し、そのひとつに肥後に源流を持つ桑島流がある。また、享保二（一七一七）年には大坪流によって『武馬必用』が著された。宝暦九（一七五九）年には『良薬馬療弁解』（図2－16）という獣医書も発刊された。享保年間にオランダから馬とともに馬術や馬の医術に関しても西洋式のものが伝えられた。

現代においては、牛馬が生産に関わることはほとんどなくなったが、環境問題という視点から改めて馬耕の良さが見直されるという動きもある。

以上見てきたように、牛馬は私たちの暮らしに大きく結びついて、ともに歴史を築いてきた重要な存在と言える。

（註）

＊1　明治九（一八七六）年に日曜日が休日とされるまでの休日。

＊2　国立国会図書館デジタルコレクション「錦絵でたのしむ江戸の名所」解説による。https://www.ndl.go.jp/（二〇二五年一月四日閲覧）

＊3　「国牛十図」は、東京大学農学部図書館所蔵資料で、鎌倉末期に河東牧童寧直麿によって書かれたと記されている。https://www.lib.a.u-tokyo.ac.jp/tenji/125/04.html（二〇二五年一月一日閲覧）

＊4　柏市教育委員会所蔵、旧花野井吉田宗弘家文書、R37。

＊5　西ジャワの高原地帯であるプリアンガンか。

（参考文献）

白井恒三郎『日本獣医学史』文永堂、一九七九年

神宮司庁古事類苑出版事務所編『古事類苑 器用部10』神宮司庁　国立国会図書館デジタルコレクション、記事は文化十二（一八一五）年

原田信男『歴史のなかの米と肉』平凡社ライブラリー、二〇〇五年

一橋大学附属図書館「お肉のススメ―肉食禁忌と食の文明開化」平成二十五年度一橋大学附属図書館企画展示資料、二〇一三年。https://www.lib.hit-u.ac.jp/images/2020/01/kikaku2013_pamphlet.pdf（二〇二五年一月一日閲覧）

渡邊護三郎「犢養育法」『農業雑誌』8、学農社編、四ページ。一八七六年、国立国会図書館デジタルコレクション、https://dl.ndl.go.jp/ja/pid/1597714/1/5

Interlude 1　出土馬骨の研究

佐藤孝雄

はじめに

二〇二三年三月に開催された企画展には、慶應義塾大学日吉キャンパスから出土した近世の埋葬馬骨も出品された。そこで小稿では、同埋葬馬骨を起点に、近世以前の関東地方で行われていた弊馬処理や、飼育・利用されていたウマの形質・系統に触れ、併せて今後の出土馬骨研究に必要となる視座についても指摘したい。

日吉キャンパスから出土した埋葬馬骨

二〇〇七年の春、慶應義塾大学日吉キャンパスでは、綱島街道沿新校舎（「独立館」）の建設に先立ち、予定地たる日吉台遺跡群A地区の発掘調査が行われていた。その最中、筆者は、調査に当た

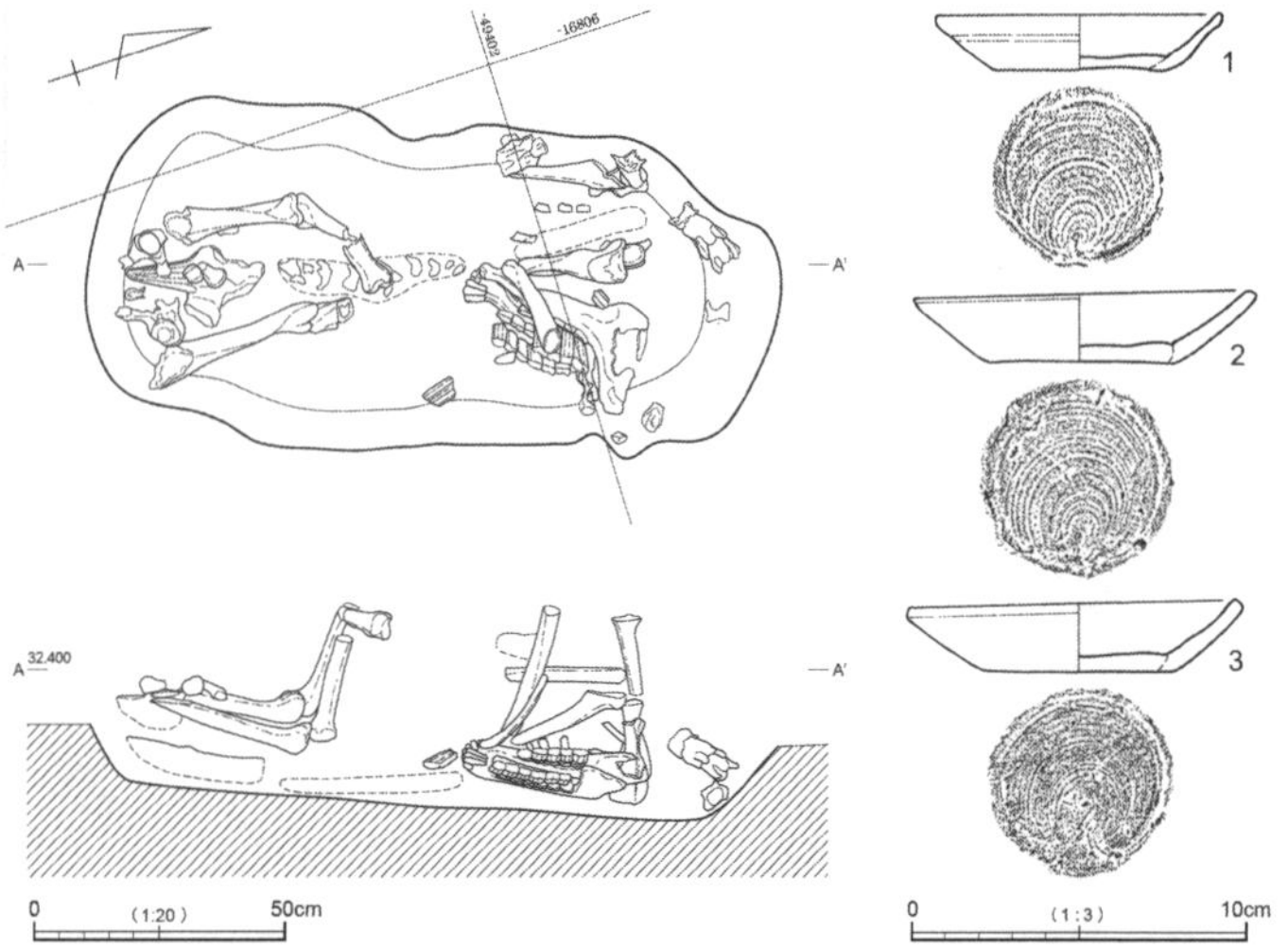

図ｉ－1　日吉台遺跡群Ａ地区出土埋葬馬骨と共伴土器の実測図（安藤編 2019：第 69 図）

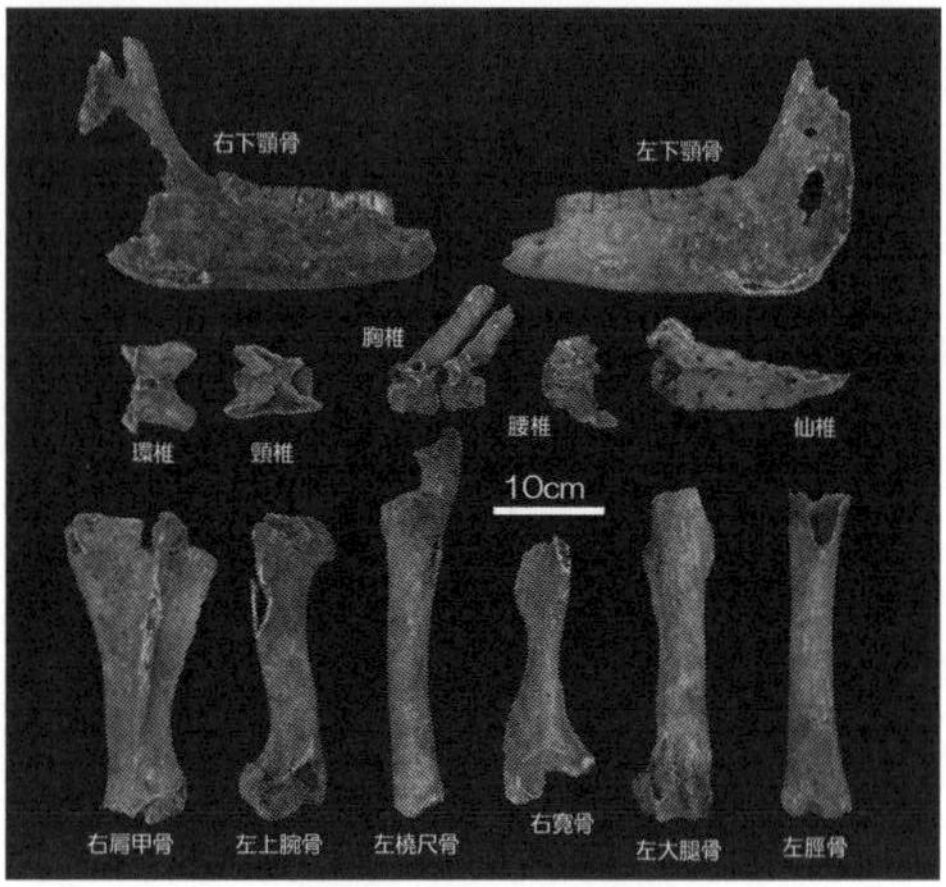

図ｉ－2　日吉台遺跡群Ａ地区の埋葬馬骨

っていた当時の同僚から、「仔馬の埋葬骨が出土したので、実測の上、取り上げてほしい」との依頼を受けた。早速発掘現場を訪れてみると、確かに一八世紀後半に比定される土器（かわらけ）が伴う楕円形の墓壙《ぼこう》内に仰臥屈葬された馬骨が出土していた（図i－1）。けれども、事前に聞かされていた「仔馬」との見立てに反し、同埋葬馬骨は一見して成馬に由来することが明らかであった。上・下顎骨には永久歯のみが植立し、四肢骨の骨端もすべて癒合していたからである（図i－2）。長冠歯をもつウマは、萌出が完了した永久歯についても、歯冠の長さからおよその年齢を推定することができる。そこで、件の馬骨についても取り上げ後、顎体から遊離した状態にあった上顎頰歯の歯冠高を計測し、西中川・松元（一九九二）の推定式を用いて齢査定を行った。その結果、同馬骨は人間で言えば三〇歳前後に当たる死亡年齢七〜九歳ほどの壮齢個体に由来することを確認するに至った（吉永・佐藤 二〇一九）。

中近世における斃馬処理

動物考古学を専門とする者にとって、ウマは、古代・中世の都市遺跡で頻繁に目にする馴染み深い動物に他ならない。鎌倉でも、馬骨は牛骨・犬骨などとともに中世の遺跡から出土する家畜遺体の主体を占めており、分けても浜堤《ひんてい》上に位置する遺跡群からの出土量が夥しい。ただ、その出土状況については、多くが解剖学的位置を保たない散乱骨の状態にあり、明確な埋葬馬骨の出土例となると、管見において由比ヶ浜南遺跡１１１０ｐｉｔの一例を挙げられるばかりである。近年、往時の市街地にあたる若宮大路周辺遺跡群小町一丁目三四二番二地点でも交連状態にある二個体分の馬骨が発掘されたが（佐藤ほか二〇二四）、こうした事例も極めて珍しい。

鎌倉では、散乱骨として出土する中世馬骨に、未加工の骨ばかりでなく、皮なめしに用いる脳《のう》漿《しょう》を摘出すべく後頭骨が破壊されたと思しき頭蓋骨や（西本ほか二〇〇二）、骨器製作の原材を得る目的から骨幹の一部が切り取られた四肢長骨など、解体・加工痕をもつ骨が認められることも注目に値する。こうした加工馬骨の多出地点が浜堤域も含め往時の市街地の外縁にあたる地域に確認される点には、中世都市鎌倉における斃馬の解体・加工に賤民が関わっていたことを読み取るべきだろう。埋葬馬骨の出土例が乏しいことも、賤民による斃牛馬遺体の回収が行われていた証左と捉えるべきかもしれない。

時代が下り近世ともなると、都市における斃牛馬遺体の回収は、より組織的に行われていたことが知られる。江戸府内では、長吏（穢多の長）が斃牛馬の取得権を独占し、特定の地域にそれらを集めるとともに、その加工を収入源とし、武具などにも欠かせない皮革生産などに当たっていたことを記す史料があると聞く。そのことを裏付けるように、実際、町奉行所の支配が及ぶ江戸の中心域（所謂「墨引」内の地域）から出土する動物遺体には馬骨が意外なまでに含まれていない。もっとも、江戸府内でも中心域の外側、さらに府外に当たる地域の遺跡群に目を向けると、日吉台遺跡群A地区以外にも、東京都恵比寿遺跡（恵比寿・三田埋蔵文化財調査会編一九九三）、西新宿三丁目遺跡（金子一九九三）、多摩ニュータウン№207、325、420、810（東京都埋蔵文化財センター編一九八三a・一九八三b・一九八八・一九九六)、群馬県上栗須遺跡(宮崎一九八九)、千葉県マミヤク遺跡(松井一九九三)などに埋葬馬骨の出土例が知られる。それらに鑑みれば、長吏による斃馬の回収は江戸の中心域以外に及んでいなかったとみてよかろう。

日吉台遺跡群A地区も含む前出九遺跡から確認された近世埋葬馬骨は総計三一個体を数え、体位に多少の違いこそあれ、一様に前・後肢を折り曲げた状態で埋葬されていた。墓壙の平面プランは大半が長径一～二mほどの楕円形もしくは隅丸方形を呈する。頭位については、明確な指向性こそ認められないものの、頭部を概ね北に向けて埋葬された個体が目立つ。また、それらが一様に成馬に由来し、日吉台遺跡群A地区の埋葬馬以外は、いずれも一二歳齢以上(人間で言えば四〇歳以上)に老成した個体であったことも注目に値する。加えて、関東地方で確認されている近世埋葬馬骨には性差に顕著な偏りが認められる点も特筆する必要があろう。前出九遺跡からの埋葬馬骨のうち性別を判定できた二六個体中、実に二四個体までは犬歯をもつ雄馬であった。近世の農村部では、概して雌馬に比べ馬力に勝る雄馬が好んで農作業に用いられ、労苦を共にした成老馬ほど埋葬の対象にされていたのかもしれない。

近世以前におけるウマの形質

さて、近世以前に飼育・利用されていたウマは、いかなる形質的特徴を備えていたのだろうか。冒頭、日吉台遺跡群A地区から出土した埋葬馬骨を、かつての同僚が仔馬の遺体と見間違えたエピソードを記した。酸性土壌中に埋葬されていた同馬骨は、必ずしも保存状態が良好と言えない状態にあったが、それでも取り上げ後、先学らの設定部位（Driesch 1976、Eisenmann 1986）の幾つかを計測することができた。そこで、それらの計測値から西中川・松元（二〇二〇）及び林田・山内（一九五七）作成の数式を用いて推定を試みた結果、件の埋葬馬骨の体高（肩までの高さ）は一一〇〜一二〇㎝ほどに見積もられた。この推定値は、列島在来馬の中でもとりわけ小型のトカラ馬や与那国馬の成馬体高と重なるが、ウマと言えば競争馬に用いられる体高一六〇〜一七〇㎝に達するサラブレッドを想起する向きには、体高一二〇㎝に満たないサイズの馬が一様に仔馬と映ってしまうかもしれない。

おそらく、サラブレッドが登場する時代劇なども見慣れている読者には、日本列島に前近代から体高一六〇㎝を超す大型馬が飼育・利用されていたと思い込んでおられる方もおられるのではなかろうか。かかる向きには、戦国時代を描いた映画やドラマに登場する武田の騎馬隊も、虚像であることをまずもって理解していただかねばならない。戦国期の日本に滞在して合戦の様子も目撃したイエズス会の宣教師ルイス・フロイスは、著書『日本史（*Historia de Japam*）』にヨーロッパでは馬上で戦うが、日本では馬から降りて戦うと記している。こうした記述は戦国時代に重い甲冑をつけた武者が騎乗して戦える大型馬などほとんど存在しなかったことを窺わせる。

事実、出土馬骨に関する既存の研究成果からは、鎌倉から出土する中世馬にこそ一四〇㎝を越す個体に由来すると思しき資料が少量確認されるものの、近世以前の遺跡から出土する資料の大多数

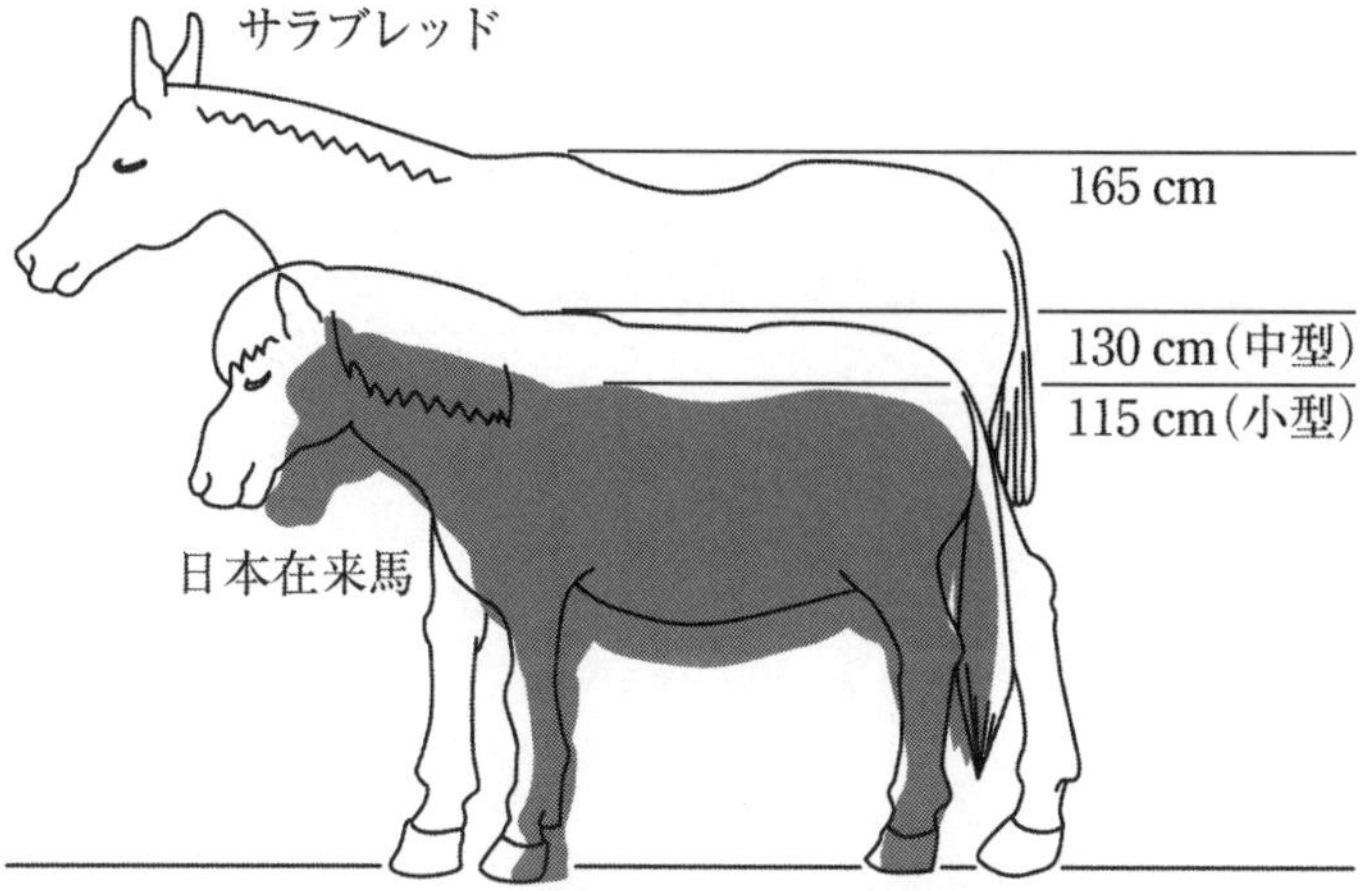

図 i－3　サラブレッドと日本在来馬との体高比較（小佐々 2011：図3）

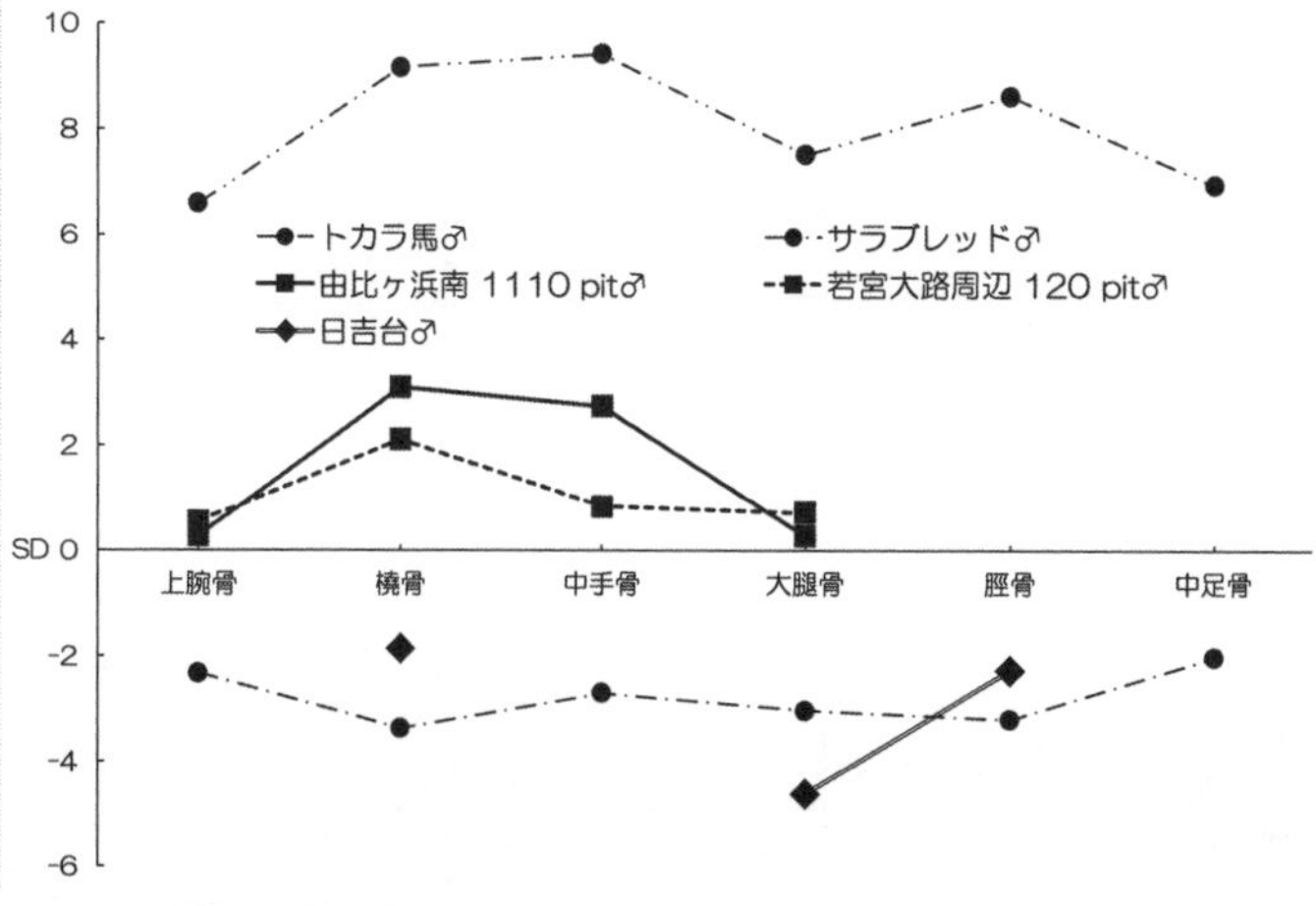

図 i－4　雄馬の四肢長骨最大長にみる偏差
基準値は御崎馬♂。使用した計測値は御崎馬・トカラ馬・サラブレッドが西中川・松元（1991）、由比ヶ浜南 1110pit が鵜澤・本郷（2006）、若宮大路周辺 120pit が佐藤ほか（2024）、日吉台遺跡群 A 地区が吉永・佐藤（2019）に基づく。

表ｉ－1　関東地方で発掘された近世埋葬馬の推定体高（吉永・佐藤 2019：表 34）

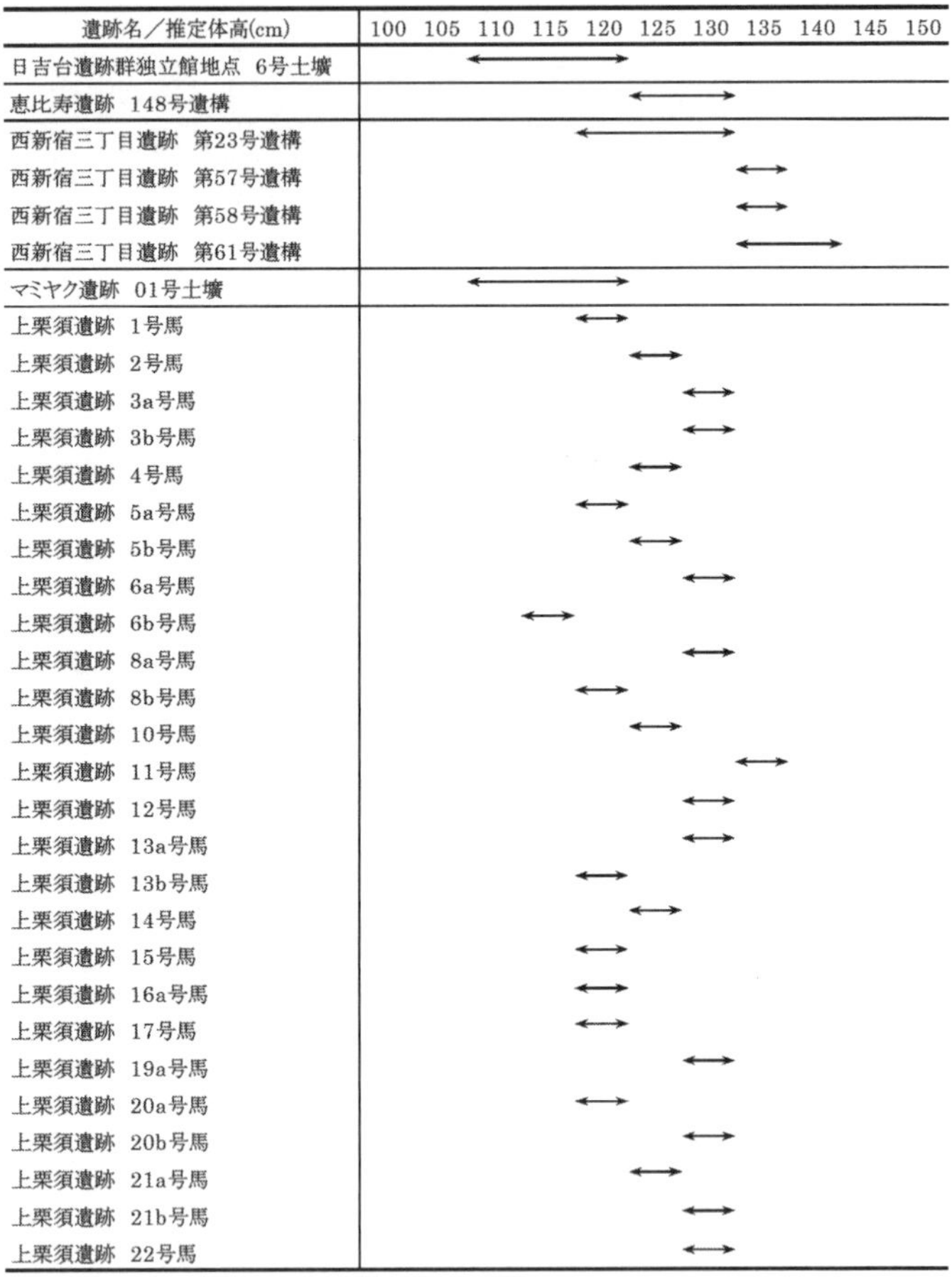
遺跡名／推定体高(cm)
100 105 110 115 120 125 130 135 140 145 150
日吉台遺跡群独立館地点 6号土壙
恵比寿遺跡 148号遺構
西新宿三丁目遺跡 第23号遺構
西新宿三丁目遺跡 第57号遺構
西新宿三丁目遺跡 第58号遺構
西新宿三丁目遺跡 第61号遺構
マミヤク遺跡 01号土壙
上栗須遺跡 1号馬
上栗須遺跡 2号馬
上栗須遺跡 3a号馬
上栗須遺跡 3b号馬
上栗須遺跡 4号馬
上栗須遺跡 5a号馬
上栗須遺跡 5b号馬
上栗須遺跡 6a号馬
上栗須遺跡 6b号馬
上栗須遺跡 8a号馬
上栗須遺跡 8b号馬
上栗須遺跡 10号馬
上栗須遺跡 11号馬
上栗須遺跡 12号馬
上栗須遺跡 13a号馬
上栗須遺跡 13b号馬
上栗須遺跡 14号馬
上栗須遺跡 15号馬
上栗須遺跡 16a号馬
上栗須遺跡 17号馬
上栗須遺跡 19a号馬
上栗須遺跡 20a号馬
上栗須遺跡 20b号馬
上栗須遺跡 21a号馬
上栗須遺跡 21b号馬
上栗須遺跡 22号馬

が、今日日本在来馬とされる八集団（与那国馬、宮古馬、トカラ馬、御崎馬、対州馬、野間馬、木曽馬、北海道和種）と同様、体高一三五㎝以下の中・小型馬に由来することが明らかとなっている。近世以前の列島で飼育・利用されていたのは総じてポニーと呼ばれるサイズの馬だったのである（図ｉ－３）。表ｉ－１には、前出九遺跡から出土した近世埋葬馬骨の推定体高を示した。この表からは、江戸とその周辺域に埋葬された近世馬の多くも体高一三〇㎝に満たない個体であったことが読み取れる。被葬馬の多くが体高一三〇㎝に満たない小型馬であったことは、先学らも指摘してきた通り、少ない飼料で飼育でき、狭い農地や傾斜地でも扱いやすい馬が好まれていた証左と捉えられよう（松井一九九七、宮崎一九八九）。

それでは、近世以前の列島で飼育・利用されたウマは一様に日本在来馬八集団と同様の形質を備えていたと考えて良いのだろうか。既存の研究成果から、日本在来馬とされる集団のうちトカラ馬、御崎馬、野間馬については、サラブレッドに比べ、それぞれ上腕骨と橈骨、大腿骨と脛骨の最大長（ＧＬ）間の差が小さいことが確認されている（鵜澤・本郷二〇〇六）。あいにくと遺存状態が不良であった日吉台遺跡群Ａ地区の被葬馬については、四肢長骨長を直接計測し得なかったが、それでも西中川ら（二〇二〇）による推定式を用い、骨端最大幅などの計測値から橈骨・大腿骨・脛骨の最大長を推定することができた。そこで、図ｉ－４には御崎馬の雄馬の計測値を基準にとり、それぞれ雄馬と確認された由比ヶ浜南遺跡１１０ｐｉｔ及び若宮大路周辺遺跡群小町一丁目三四二番二地点１２０ｐｉｔから出土した中世馬二体と日吉台遺跡群Ａ地区から発掘された近世馬一体の四肢長骨の偏差を、同じく雄のトカラ馬、サラブレッドのそれとともに示した。この図からは、件の中近世馬三体の四肢長骨が日本在来馬とされる御崎馬やトカラ馬と異なるプロポーションを示している点を確認できよう。それぞれ上腕骨より橈骨、大腿骨より脛骨の長さがすくなからず勝り、サラブレッドにも似た四肢のプロポーションを備えた中近世馬三体は、御崎馬、トカラ馬よりも重心が高く、走行性に優れていた馬であったことも窺わせる。ただし、性別が不明であるため図i－4に示さなかったが、若宮大路周辺遺跡群小町一丁目三四二番二地点91pitから出土した個体については、大腿骨と脛骨の最大長にほとんど差がなく、後肢のプロポーションに日本在来馬と同様の特徴が認められた（佐藤ほか二〇二四）。したがって、近世以前の馬には、日本在来馬八集団に認められる以上の体型の多様性が存在したと見て間違いない。

形質に多様性が生じた背景

体高であれ四肢のプロポーションであれ、ウマの形質に多様性が生じた背景は、無論、遺伝と環境双方の側面から検討しなければならない。

日本列島に渡来したウマの起源・系統については、過去半世紀以上にも亘り、先学らが議論を重ねてきた。その研究史は野澤（一九九二）に詳しいが、論点は主に、伝統的形質を保持するとされる日本在来馬に体高一二〇cmほどに過ぎず小型馬に分類される与那国馬、宮古馬、トカラ馬、対州馬、野間馬と、体高一三五cmほどを測り中型馬に分類される御崎馬、木曽馬、北海道和種という体格の異なる集団が存在することをいかに捉えるかという点にあったと言えよう。林田（一九五六）は、日本列島へ移入されたウマの故地たる大陸にも小型馬、中型馬の二群が認められることを指摘した上で、両者がそれぞれ異なる時期・ルートで日本列島に到来したとする二系統説を唱え、まず中国南部や東南アジアに分布する小型馬が琉球列島を経由して伝来し、その後モンゴル系統の中型馬が朝鮮半島経由で導入されたと考えた。

これに対して、一九九〇年までに発掘された四七五遺跡の出土事例を集成し、九一遺跡の資料について骨計測も試みた西中川らは、本州の遺跡出土馬骨に中型馬と小型馬に由来する資料が存在する上、特に後者が年代の古い資料に目立つことを認めつつも、林田による二系統説に組みすることになお慎重な立場をとってきた（西中川編一九九一）。加えて、遺伝学者は、総じて林田の二系統説を否定する。列島および周辺地域の馬集団について血清タンパク多型を調べた野澤らは、東アジアの現在在来馬集団間に多系統を認める証左はないとし、朝鮮半島を経由して導入されたモンゴル系統の集団のうち、列島南部で飼育された個体群が島嶼化現象により矮小化したとする単系統説を唱えた（Nozawa *et al.* 1975）。その後ＤＮＡ解析の技術が進み、今世紀に入って試みられたミトコンドリアＤＮＡコントロール領域多型の解析や、核ＤＮＡのマイクロサテライト多型解析、ゲノムワイドのスニップ（一塩基多型）分析によっても、単系統説を支持する結果が得られている（川島・颯田二〇〇九、Tozaki *et al.* 2003, 2019）。遺跡出土馬骨のＤＮＡ解析が未だ十分に行われていない状況にあるが、前記の遺伝学的検討結果を踏まえれば、鵜澤（二〇〇六）も指摘する通り、近世以前の馬にみられる形質の多様性については、往時の飼育・利用環境の違いから生じていた可能性を探るべきだろう。

むすび：出土馬骨研究のこれから

近年、同位体化学の手法を用いることで、遺跡出土馬のライフヒストリーを、解き明かそうとする研究が盛んに行われるようになってきた。『日本書記』などの記述から本州には古代の段階から牧《まき》が存在したことが知られ、かねて都城や都市で使役された馬はそうした馬産地から供給されていたと考えられてきた。そうした移動歴の解明が、昨今、出土歯の歯冠からシーケンシャルに試料を採取し、内包されるストロンチウムや酸素の安定同位体比（$^{87}Sr/^{86}Sr$, $\delta^{18}O$）を分析することで試みられるようになっている（植月ほか二〇二一、覚張二〇〇九・二〇一七、覚張・米田二〇一六a・二〇一六bなど）。また、出土骨に含まれる炭素安定同位体比（$\delta^{13}C$）の分析から、飼育馬の飼料や給餌形態にみる地域差や時代差に迫ろうとする研究も進められるようになった（植月ほか二〇二一、覚張二〇一五・二〇一七、覚張・植月二〇一六）。破壊分析となる点が障壁となるが、放射性炭素年代測定に加え、上記同位体分析と核ゲノムの解析が、近世以前のウマの実像と、その導入・飼育史を解明する上で強力な武器となることは論を俟たない。

翻って動物考古学的な研究も、今後は体高中心であったこれまでの形質に関する議論を脱し、由来する個体のライフヒストリーの復元に傾注しつつ出土馬骨の調査・分析を進めるべきだろう。その際、生活史を示す歯や骨に残された古病理学的痕跡は重要な観察項目となる。例えば、日常的に馬銜《はみ》が装着された個体であれば、上・下顎骨の第一前臼歯を中心に異常咬耗が生じる。日吉台遺跡群A地区の出土馬にこそ認められなかったが、馬銜跡をもつ中近世馬の上・下顎骨は、東日本だけでも、数多出土している（植月二〇一四・二〇一八、植月ほか二〇二〇・二〇二一、佐藤・艾二〇二三、佐藤ほか二〇二四など）。加えて、これも日吉台遺跡群A地区の出土馬にこそ確認されなかったが、四肢骨関節部や椎骨棘突起に認められる骨変形は、生前の牽引や荷駄の移送に駆使されていたことを示す証左となる。さらに、馬体のサイズとともに、小稿で試みたようなプロポーションを検討する作業も、飼育・利用法を考えるうえで重要な示唆を与えてくれる。

擱筆にあたり、出土馬骨の研究には、今後出土個体個々のライフヒストリーの解明に努める視座が不可欠であり、動物考古学者と遺伝学者や骨化学を専門とする研究者の一層の連携が求められることを指摘しておきたい。

（引用文献）

【邦文】

安藤広道編『日吉台遺跡群発掘調査報告書―二〇〇六年度～二〇一四年度の調査成果』慶應義塾大学民族学考古学研究室、二〇一九年

植月学「遺跡出土馬に見られる銜跡について」『山梨県立博物館研究紀要』八号、一五～二二頁、二〇一四年

同「東国における牛馬の利用」『季刊考古学』一四四号、四七～五〇頁、二〇一八年

植月学、覚張隆史、浅田智晴「青森県における古代の馬利用—林ノ前遺跡出土馬の動物考古学・同位体化学的研究—」『青森県埋蔵文化財センター研究紀要』二五号、五一～六五頁、二〇二〇年
植月学、覚張隆史、櫻庭陸央、船場昌子「中世南部氏の馬利用—根城跡出土馬の動物考古学・同位体化学的研究—」『帝京大学文化財研究所研究報告』二〇号、二三三～二四五頁、二〇二一年
鵜澤和宏「動物考古学における計測の利用と解釈—出土ウマ（*Equus caballus*）の推定体高値の地域差—」『総合人間科学（東亜大学総合人間・文化部紀要）』六号、三～九頁、二〇〇六年
鵜澤和宏、本郷一美「由比ヶ浜南遺跡出土ウマ（*Equus Caballus*）の形態」『考古学と自然科学』五三号、五七～六七頁、二〇〇六年
恵比寿・三田埋蔵文化財調査会編『恵比寿—旧サッポロビール恵比寿工場地区発掘調査報告書』恵比寿・三田埋蔵文化財調査会、一九九三年
金子浩昌「西新宿三丁目遺跡出土のウマ及びその他の動物遺体」『西真新宿三丁目遺跡：東京オペラシティ建設に伴う緊急発掘調査報告書』オペラシティ建設・運営協議会・東京オペラシティ建設用地内埋蔵文化財調査会、七三～八〇頁、一九九三年
川嶋舟、颯田葉子「日本在来馬のミトコンドリアDNA多型」『東京農業大学集報告』五四巻三号、二一一～二一三頁、二〇〇九年
覚張隆史「在来馬と人間のかかわり」『BIOSTORY』一一号、二七～三五頁、二〇〇九年
同「歯エナメル質の炭素安定同位体比に基づく三ツ寺Ⅰ・Ⅱ遺跡出土馬の食性復元」『動物考古学』三二号、二五～三七頁、二〇一五年
同「同位体化学に分析に基づく遺跡出土馬の生態復元」『国家形成期の畿内における馬の飼育と利用に関する基礎的研究—平成26年度～28年度科学研究費基盤(C)一般生活報告書—』奈良県立橿原考古学研究所、二七～三六頁、二〇一七年

同「家畜の同位体分析」『季刊考古学』一四四号、五四〜五五頁、二〇一八年
覚張隆史、植月学「同位体化学分析に基づく山梨県域遺跡出土馬の給餌形態の復元」『山梨県考古学協会会誌』二四号、八一〜九七頁、二〇一六年
覚張隆史、米田穣「ストロンチウム同位体分析に基づく移入馬の推定」『奈良文化財研究報告第一七冊　藤原宮跡出土場の研究』独立行政法人国立文化財機構奈良文化財研究所、五三〜六二頁、二〇一六年a
覚張隆史、米田穣「酸素同位体分析に基づく馬の産地推定」『奈良文化財研究報告第17冊　藤原宮跡出土場の研究』独立行政法人国立文化財機構奈良文化財研究所、六三〜七五頁、二〇一六年b
小笹学「日本在来馬と西洋馬―獣医療の進展と日欧獣医学交流史―」『日本獣医師会雑誌』六四巻六号、四一九〜四二六頁、二〇一一年
佐藤孝雄、艾凱玲「由比ガ浜中世集団墓地遺跡（№３７２）由比ガ浜二丁目一二一五番一地点の脊椎動物遺体」『由比ガ浜中世集団墓地遺跡（鎌倉市№３７２遺跡）発掘調査報告書―鎌倉市由比ガ浜二丁目一二一五番一地点―』株式会社博通、一二一〜一二三頁、二〇二三年
佐藤孝雄、艾凱玲、植月学、本郷一美「若宮大路周辺遺跡群から出土した鳥獣遺体」『鎌倉市埋蔵文化財緊急発掘報告書40　令和五年度発掘調査報告』鎌倉市教育委員会、二六七〜二九七頁、二〇二四年
東京都埋蔵文化財センター編『東京都埋蔵文化財センター調査報告　第四集　昭和五十七年度（第一分冊）№２０７遺跡』東京都埋蔵文化財センター、一九八三年a
同『東京都埋蔵文化財センター調査報告　第四集　昭和五十七年度（第二分冊）№４２０遺跡』東京都埋蔵文化財センター、一九八三年b
同『東京都埋蔵文化財センター調査報告　第九集　昭和六十一年度（第一分冊）№３２５遺跡』東京都埋蔵文化財センター、一九八八年
同『東京都埋蔵文化財センター調査報告　第三一集　№８１０遺跡』東京都埋蔵文化財センター、一九九六年

東京都北区教育委員会社会教育課編『北区埋蔵文化財調査報告書 第一〇集 御殿前遺跡Ⅲ』東京都北区教育委員会社会教育課、一九九二年

西中川駿編『古代遺跡出土骨からみたわが国の牛、馬の渡来時期とその経路に関する研究』鹿児島大学農学部、一九九一年

西中川駿、松元光春「遺跡出土骨同定の基礎的研究―とくに在来種、現代種の骨、歯の計測値の比較―」『古代遺跡出土骨からみたわが国の牛、馬の渡来時期とその経路に関する研究』鹿児島大学農学部、一六四～一八八頁、一九九一年

西中川駿、立松弘、塗木千穂子、真木康之、廣田桂一、松元光春「ウマの骨計測値から骨長の推定法―体高推定への応用―」『動物考古学』三七号、二一～二九頁、二〇二〇年

西本豊弘、鵜澤和宏、太田敦子、姉崎智子、樋泉岳二「由比ヶ浜南遺跡出土の動物遺体」『神奈川県・鎌倉市 由比ヶ浜南遺跡〈第2分冊・分析編Ⅰ〉』由比ヶ浜南遺跡発掘調査団、二四一～三九四頁、二〇〇一年

野澤謙「東亜と日本在来馬の起源と系統」『Japanese Journal of Equine Science』三巻一号、一～一八頁、一九九二年

林田重幸「日本古代馬の研究」『人類学雑誌』六四号、一九七～二一一頁、一九五六年

同「中世日本の馬について」『日本畜産学会報』二八巻五号、三〇一～三〇六頁、一九五七年

林田重幸、山内忠平「馬における骨長より体高の推定法」『鹿兒島大學農學部學術報告』六号、一四六～一五六頁、一九五七年

松井章「マミヤク遺跡出土ウマについて」『君津郡市文化財センター発掘調査報告書 第八〇集 小浜遺跡群5（俵ケ谷古墳群・マミヤク遺跡）』木更津市小浜土地区画整理組合・財団法人君津郡市文化財センター、二〇八～二一〇頁、一九八三年

宮崎重雄「上栗須遺跡の馬骨」『群馬県埋蔵文化財調査事業団調査報告第八八集 上栗須遺跡 下大塚遺跡 中大塚

遺跡 本文編・写真図版編』群馬県教育委員会・財団法人群馬県埋蔵文化財調査事業団、一九八九年
吉永亜紀子、佐藤孝雄「日吉台遺跡の近世埋葬馬」『日吉台遺跡群発掘調査報告書―二〇〇六〜二〇一四年度の調査成果―』慶應義塾大学文学部民族学考古学研究室、二〇五〜二一二頁、二〇一九年

[英文]

Driesch A. von Den (1976) *A guide to measurement of animal bones from archaeological sites*. Harvard University, Peabody Museum of Archaeology and Ethnology, Bulletin 1.

Eisenmann V. (1986) Comparative osteology of modern and fossil horses, half-asses, and asses. Meadow and Verpmann (eds)., *Equids in Ancient World. Beihefte zum Tubinger Atlas des Vorderen Orients*. Reihe A., Wiesbaden.

Nozawa, K., Shootake, T., Namikawa, T. (1975) Gene constitution and phylogenetic interrelationship among native livestock in Japan and adjacent area with special reference to native horses and cattle. *JIBP Synthesis*, 5: 130-137.

Tozaki, T., Kikuchi, M., Kakoi, H., Hirota, K., Nagata, S., Yamashita, D., T. Ohnuma,T., Takasu, M., Kobayashi, I., Hobo, S., Manglai, D., Petersen. J. L. (2019) Genetic diversity and relationships among native Japanese horse breeds, the Japanese Thoroughbred and horses outside of Japan using genome-wide SNP data. *Animal Genetics*, 50(5): 415-554.

Tozaki, T., Takezaki, N., Ishida, N., Kurosawa, M., Tomita, M., Saitou, N., Mukoyama, H. (2003) Microsatellite Variation in Japanese and Asian Horses and Their Phylogenetic Relationship Using a European Horse Outgroup. *Journal of Heredity*, 94(5): 374-380.

第三章　狩られる鹿・猪たち
——徳川将軍の「鹿・猪」狩り

藤井典子

はじめに

　初代将軍徳川家康、三代将軍徳川家光、八代将軍徳川吉宗は、御鷹狩や御鹿《おしし》（猪）狩《がり》に頻繁に出かけた狩猟好きで知られる。こうした狩猟は武芸の鍛錬や健康に資するだけでなく、武士や百姓を動員した軍事訓練のために実施された面もあった。江戸城から将軍が出向くことが可能な距離の狩場において実施されたことなど、共通点も多いため、両者の違いがどのような点にあったのかを正面から論じることはあまりなかったように思う。

　表記された文字からわかるとおり、「御鷹狩」という言葉は将軍の「御鷹」を使った狩りの方法に焦点が当てられているのに対し、御鹿（猪）狩は、将軍の指揮のもとで鹿・猪などの野生動物が獲物となったことを示している。徳川吉宗以後、一二代将軍徳川家慶の治世までの間に下総国の小金原で四回実施された「御鹿狩」の呼称にある「鹿《しし》」とは獣を総称するものである。実際、その獲物は鹿に限られたわけではなく、猪や兎などさまざまな野生動物であった。

また、御鷹狩と御鹿（猪）狩の違いは、狩られた獲物の数や扱いにもみられる。御鷹狩では、獲物に鷹を合わせて狩るため、獲物の数には限りがあった。狩られた鳥たちは諸大名や天皇への贈答儀礼に用いられ、将軍の御鷹に狩られる「御成御用」のために餌付して飼育されていた（詳細は第四章で述べる）。これに対し、小金原御鹿狩の事例にみられるように、猪・鹿たちは田畑を荒らす獣という名目で狩られ、いわば、駆除される対象として扱われた。将軍の指揮のもとで動員された武士や百姓らによって、多いときは数百疋以上が仕留められた。

今の東京を思い浮かべると、将軍が江戸城から出向くことが可能な場所に、まとまって数百疋レベルの数の野生動物が生息していたことは驚きである。だが、徳川将軍の治世下にあった二六〇年余の間に、江戸は百万都市として経済発展しており、その過程で、猪や鹿の生息数が減少する変化が徐々に生じたのだろうか。それとも、明治維新以降の近代化のなかで、急激に動物たちが東京から姿を消したのだろうか。実際がどうであったか、史料から確認する余地がありそうである。

では、なぜ江戸時代にさかんに猪や鹿が狩られたのだろうか。昨今、人の住む場所に野生動物が現れ、それを駆除する話題がしばしば報道されるが、江戸時代の百姓たちにとって、野生動物に作物を食い荒らされることは、年貢を納めるうえで切実な問題であった。彼らは領主から許可を得て鉄砲を用いて対処したが、仕留めた動物の数は必ずしも多くはなかった。おどし鉄砲で猪などを田畑から追いやったり、落とし穴などを使う方法もとられ、動物との共存を計っていた向きもある。これに対し、小金原御鹿狩では多くの動物が仕留められたうえ、獲物が誰の成果であるかを特定している。将軍の指揮下で狩られた動物たちはまるで戦の場でとられた敵の首のようである。

しかし、こうした将軍による大規模な狩猟は嘉永二（一八四九）年を最後に行われなくなった。大政奉還がなされるまでの約二〇年間、なぜ将軍による大規模な狩りがなされなくなったのか。明治維新後、こうした狩りをする必要はなくなったのだろうか。

動物たちの生息状況や政治的な環境変化が猪や鹿たちを狩る必要性に影響した面があったやもしれない。動物たちに焦点をあてて史料などを見直してみると、自然環境や社会・政治状況の変化とのかかわりも浮かび上がってくるように思われる。

また、仕留められた多数の動物たちは、どこで、どのように処理されたのだろうか。獣の匂いや仕留められる際の荒々しい息遣い、呻く鳴き声などさえ想像されるが、制度面での検討だけではわからない部分も少なくない。

これまでの研究では、史料が豊富に残っている享保期以降の小金原御鹿狩など、個別の事例を対象に、動員された武士や百姓の陣容や制度的な枠組みに焦点をあてて詳細な研究がなされてきた。本章ではこうした研究の成果を土台にしながら、動物の生息状況などを記す記述や数量データの変化を改めて観察・分析し、動物たちと人々との関わりからみた江戸時代の政治・社会経済の変化の一端を、幕末維新期までを視野に入れて捉えてみたい。

一　川越・板橋・駒場野・小金原　～将軍たちが動物たちを狩った場所～

「江戸図屏風」に描かれた御鹿狩・御猪狩

江戸時代には、江戸城周辺の地域でも山林や繁みがあれば、猪や鹿、狸や狼などが生息していた。徳川将軍が江戸城から出かけていける範囲でどのような場所において狩りが行われていたのか。まず、江戸時代初頭の状況を、『江戸図屏風』（国立歴史民俗博物館所蔵、年代・作製者不詳）をもとに確認しておこう。

三代将軍徳川家光の事蹟をテーマに描いたといわれる『江戸図屏風』の右隻《うせき》では、三宮司（現在の東京都練馬区三宝池周辺）における鹿狩りや洲渡谷《すどのや》（現在の埼玉県比企郡吉見町）における猪狩りなど、狩猟の様子が描かれている。三宮司における鹿狩りの場面では、鹿だけではなく野兎や狐のような小動物も見受けられる。鉄砲や鎗で仕留められた獲物を前に、赤い傘で顔が隠された将軍と思しき人物が狩りの様子を見ている。狩場は網で囲まれているが、その外では近隣の百姓らが集まり見物している。狩場のそばの繁みに鹿が潜んでいる様子も描かれている。この周辺には鹿が生息していたのだろう。

板橋を描いた箇所には、中山道を行きかう人々と宿場の家並みのほか、その背後に広がる原野や林に鹿の群れが見える。洲渡谷における猪狩りの場面では、跳ね回る鹿などが逃げないように鎗をもった武士や鉄砲を構えた者がぐるりと囲み、大型の唐犬が猪を追って襲いかかっている。御仮屋のあたりでは仕留められた猪の脚が並べられており、それらを下賜するためであろうか、数量などを確認する武士の姿もみられる。

このように、江戸図屛風が描かれた頃には、江戸近郊の武蔵野台地に鹿や猪などが多く生息していたことがわかる。徳川家光の事蹟をテーマとした描き方である点に留意する必要があるが、見物している百姓らの表情は将軍による狩りの様子を楽しんでいるようだ。

『大狩盛典』にみる将軍の狩場

『江戸図屛風』に描かれていない場所を含め、江戸時代初頭以来嘉永期に至るまで、江戸近郊のどのような所へ、どの将軍が、いつ、いかなる頻度で鹿や猪を狩りに出向いたのかを、幕末の儒学者林復斎がまとめた『大狩盛典』(国立公文書館所蔵)をもとに列挙したのが表3－1である。

ちなみに、『大狩盛典』のなかで初代将軍徳川家康が狩りをした場所として記されるのは、三河の田原山、岐阜の稲葉山など江戸から離れた場であるため、ここでは、二代将軍徳川秀忠の治世以降、江戸近郊で猪や鹿を狩った場所を史料の記述順に列挙した。

表3－1を見てわかることは、歴代の将軍すべてが御鹿(猪)狩を行ったわけではないことである。自ら鉄砲や鎗をとったのは、三代将軍徳川家光、八代将軍徳川吉宗、一一代将軍徳川家斉、一二代将軍の徳川家慶である。狩りに特に熱心だったのが家光と吉宗であったこともみてとれる。も

っとも、この二人が猪や鹿を狩りに出かけたのは同じ場所ではない。

吉宗は五代将軍徳川綱吉による生類憐み令によって廃止された御鷹狩などを再興した将軍として知られるが、家光が狩りをしていた武蔵野台地の各地に出向いたわけではなかった。吉宗は、家光が鹿狩りを行った板橋には出かけておらず、駒場野や小金原といった新たな場所で狩りを行ってい る。この二カ所は、吉宗以後の将軍らが番方衆を動員して足を運ぶ場となった。そこで、以下では、家光の治世を境にどのような変化が生じたかを、狩りが行われた場所、獲物の種類や数などから観察する。

徳川家光による御鹿狩・御猪狩

表3−1にみられるとおり、家光が御鹿（猪）狩のために出向いた場所は、荒川沿いの戸田のあたり、江戸城より西は武蔵野台地上の板橋、河越（川越）、小園井・梯木山（現在の東京都練馬区石神井・井草周辺）、牟礼田（高井戸周辺）、王子、中野、北は下総国佐倉・吉田などである。板橋や河越のように複数回の御成があった場所には動物が多数生息していたとみられる。それ以外の場所への御成は一〜二回程度で、御鷹狩で鶴や雁などを狩った際に、近隣で鹿や猪が出ると聞いてこれらを狩る場合もあった。

狩場となった高井戸、板橋、千寿（千住）は、甲州街道、中山道、日光・奥州街道の宿場があった地である。王子は日光東照宮にむけての御成街道（岩槻街道）が通り、江戸と直結していた。い

千寿（千住）	正保３年３月８日	家光	千寿へお成りの際、猪・鹿が多いため御狩。百姓を勢子として狩り。
駒場野	享保８年３月22日	吉宗	「御猪狩」（「御鹿狩」と記す箇所あり）。騎馬勢子・立勢子を両御番組から出す。5000人を超える百姓勢子を動員。猪18・兎１。生け捕り４。御鉄砲で
	享保11年４月13日	吉宗	「御猪狩」（「御鹿狩」と記す箇所あり）。御供番二組・御先払二組のほか御鉄砲組四組も参加。獲物は猪２・鹿１。
中里（駒込周辺）	享保15年２月12日	吉宗	「御猪狩」。御供二組・御先払二組。獲物は猪13（御鉄砲で猪５）。
	享保16年２月６日	吉宗	「御猪狩」。獲物は御鉄砲による猪１、他による猪５。
	享保18年２月23・25日	吉宗	「御鹿狩」「御猪狩」。御供は少数。御鷹匠や鳥見に金子を下賜。
	享保20年３月７日	吉宗	「御猪狩」。獲物記載なし。
	元文元年２月12日	吉宗	「御猪狩」。獲物記載なし。
鼠山（雑司ヶ谷御鷹部屋周辺）	享保15年２月23日	吉宗	「御猪狩」。両御番から騎馬勢100騎、番頭六人・組頭四人。獲物は猪14（御鉄砲によるもの４、弓などで10）
	享保16年３月16年日	吉宗	「御猪狩」。御供・両御番が勢子をつとめる。猪多く出る。御狩の後、御納戸松下専助や同行した鳥見役などへ褒美を下される。
	元文２年３月25日	吉宗	「御猪狩」。御供・両御番が勢子をつとめる。獲物記載なし。
	元文３年３月26日	吉宗	「御猪狩」。勢子は御供二組のみ。伊達羽織着用せず。獲物記載なし。
	元文４年４月23日	吉宗	「御猪狩」。獲物記載なし。
品川	享保15年３月	吉宗	「御鹿狩」。品川筋への御鷹狩の際に行ったか。獲物記載なし。
木下川（葛飾周辺）	享保16年３月６日	吉宗	「御猪狩」。御供二組・御先払二組が勢子を勤める。獲物記載なし。
青山	享保17年４月６日	吉宗	「御猪狩」。獲物は猪５（うち御鉄砲にて猪１）。
	享保18年３月７日	吉宗	「御猪狩」。御供二組が勢子を務める。伊達羽織着用。獲物記載なし。
巣鴨	享保19年２月19日	吉宗	「御猪狩」。勢子なし。獲物記載なし。
小金原	享保10年３月27日	吉宗	小金原中野牧で「御鹿狩」。獲物は鹿800余、猪3、狼1、雉10。
	享保11年３月27日	吉宗	小金原中野牧で「御鹿狩」。獲物は鹿470、猪12、狼1。
	寛政７年３月５日	家斉	小金原中野牧で「御鹿狩」。獲物は鹿98、猪６、兎５、貉３、狐３、雉１。
	嘉永２年３月18日	家慶	小金原中野牧で「御鹿狩」。獲物は鹿19、猪99、兎168、狸５、貉３、雉３。

（注）この表における地名の列挙順は、『大狩盛典』の巻における記載順に依拠した。

表3－1　『大狩盛典』に記される徳川将軍が「御狩（鹿・猪）」に出向いた場所

御狩の実施場所	実施年月	実施時期の将軍	「御狩」実施回数や獲物　その他の記述
吉田・佐倉	慶長19年1月13日	秀忠	葛西あたりへ鶴など御鷹狩に出向いた際、近隣に猪が多く出ると聞き、御狩を実施。近衆100騎餘。獲物は猪2、鹿4。
	元和元年11月16日	秀忠	幕府の牧がある佐倉にて「御鹿狩」。
板橋	元和4年11月6日	家光	「御鹿狩」。獲物は鹿31（徳川実紀）。
	寛永11年3月29日	家光	「御鹿狩」。書院番衆・花畑衆・大御番衆・小十人衆が勢子。獲物は鹿835。将軍から譜代衆や御供の者に獲物を下賜。
	寛永11年10月	家光	「御鹿狩」。数千人を動員し、勢子が猪・鹿・狐・狸・兎などを追い立てる。将軍も馬上から長刀で猪・鹿を仕留めた。
	寛永12年4月29日	家光	「御鹿狩」。全旗本が供奉。獲物は鹿800余。
	寛永12年10月7日	家光	「御鹿狩」。近習・譜代大名・老中などが供奉。獲物は鹿500餘。諸大名と近習の物頭へ下賜。
牟礼野（甲州街道高井戸宿辺）	寛永2年10月晦日	家光	「御猪狩」。将軍の御立場あり。御番衆が勢子を務め獲物を追い込む。獲物は猪・鹿43。将軍は鉄砲で猪・鹿4を仕留めた。
河越	寛永3年2月8日	家光	河越すとの谷（洲渡谷）で「御鹿狩」。大番衆から7人が使役。
	寛永5年2月	家光	「御鹿狩」。梅花も上覧。
	寛永5年3月24日	家光	河越すとの谷で「御鹿狩」。
中野	寛永17年3月12日	家光	中野筋の御鷹場での鶉狩りと合わせて猪1・鹿1を仕留める。
	享保18年2月23日	吉宗	「御猪狩」。御供二組・御先払二組が勢子を務める。獲物記載なし。
	享保19年3月4日	吉宗	「御鹿狩」。還御の途中で、高田馬場で乗馬を上覧。獲物記載なし。
平柳（岩淵と戸田の間）	寛永18年3月10日	家光	岩淵で御鷹狩の後、戸田で御狩。伊達羽織を着用。獲物は鹿13。翌日、鹿の足を一つずつ、江戸城において御徒頭に下賜。
小園井・梯木山（石神井・井草周辺）	正保元年3月25日	家光	獲物は猪・鹿若干。将軍は長刀で猪を斬殺。獲物は近習へ下賜。
王子・西ヶ原	正保3年1月13日	家光	王子で猪狩り。犬が猪を仕留める。
	享保9年9月18日	吉宗	西ヶ原で「御猪狩」。獲物記載なし。
	享保20年8月19日	吉宗	王子で「御猪狩」。獲物記載なし。

ずれも幕府の交通政策における重要な場所であった。また、河越は武蔵野台地の東北端にある江戸の守りの要衝であったが、新河岸川の河岸があり、川越街道の出発点として江戸への物資供給拠点の一つでもあった。狩場に出向いた家光の足取りを線で結んでみると、御鹿（猪）狩の機会に、江戸城周辺の交通や警護の要衝、幕府の牧《まき》といった重要な地を巡って視察していたように見える。

獲物の種類をみると、猪よりも鹿が主であったといってよかろう。獲られた数をみると、御鷹狩のついでに猪や鹿を狩った場合や、河越のように梅見を兼ねた訪問・遊興の要素もある場合に獲られた数は多くない。これに対し、御番衆を勢子《せこ》（狩りの場で、獣を追い込んだり他へ逃げるのを防いだりする役目の人員）として多数動員した場合、将軍は御立場から御番衆らが動物たちを狩る行動を指揮・観覧していた。牟礼田においては将軍家光も鉄砲で猪・鹿を仕留めており、全体で四三疋が狩られた。

家光が大規模な御鹿狩りを複数回行った場所として特筆できるのは板橋である。元和四（一六一八）年から寛永十二（一六三五）年までの一八年間に、五回にわたり御鹿狩が実施されている。文字通り「鹿」を獲物とする狩りであった。第一回目の元和四年十一月には鹿三五疋、二回目の寛永十一（一六三四）年三月には書院番衆・花畑衆・大御番衆・小十人衆が勢子として動員されており、鹿八三五疋が獲られた。獲られた鹿は参加した武士たちに下賜された。下賜された獲物を食すことで、動員された武士たちが将軍の「御恩」、主従関係を認識する機会となっていたとみられる。同年十月の第三回目では数千人を動員して猪・鹿・狸・兎などを狩った。家光も長刀で猪・鹿を仕留めている。旗本たちを動員した寛永十二年四月には鹿八百疋余、半年後の十月には鹿五百疋余が仕留められた。

板橋での御鹿狩における獲物の数は誇張して記録された可能性を否定できないが、一八年間に二千百疋を越える数の鹿を仕留めた計算になる。多くの鹿が一六三〇年代までの板橋には生息していたことは確かなようだ。もっとも、第五回目の御鹿狩では獲物の数に減少の兆しがみえる。数百疋単位での御鹿狩を頻繁に行ったことで、鹿の生息数が減少している可能性がある。また、板橋は中山道の重要な宿場であったことから、幕府の交通政策によって街道や宿場が整備されるに伴い、ヒトやモノの移動量が増加し、鹿などが居籠れる場所が減っていったことも推測される。板橋区立郷土資料館による展示会（二〇〇〇年「いたばしどうぶつものがたり」）開催時に公表された論稿によれば、板橋周辺にいた鹿たちは徳丸が原の方へ移動し、一九世紀半ばの文化年間ころには徳丸が原でも鹿の生息が確認できなくなっていたようだ。表３－１に挙げたとおり、『大狩盛典』に記された板橋での御鹿狩は、寛永年間が最後となっている。鹿が板橋周辺にいなくなったことも一因と考えられる。

徳川吉宗以降の御鹿狩・御猪狩

次に、徳川吉宗以降の将軍たちが出向いた場所をみると、家康・秀忠・家光が足を運んだ場所のうち、中野以外では狩りは行われていない。吉宗が何度も出向いた地は、目黒筋の駒場野、御鷹御用部屋そばの鼠山（雑司ヶ谷周辺）、駒込周辺の中里や青山といった江戸城から比較的近い場所のほか、下総国の小金原である。一回のみの場所には、品川、渋谷、巣鴨、葛飾周辺の木下川がある。『大狩盛典』の記述をみると、家光の頃までの獲物として目立つのは鹿である。史料でも「御鹿狩」と表記されることが多い。これに対し、吉宗以降については、小金原で行われた「御鹿狩」を除き、武蔵野台地での狩猟は「御猪狩」と明記されることがしばしばある。実際、駒場野・中里・鼠山における獲物は猪が主であった。前述のとおり、家光の治世までは、板橋や三宮司など武蔵野台地に鹿が数多く生息していたが、一八世紀半ばの吉宗の治世のころには少なくなっていたのだろうか。それに対し、猪は駒込、巣鴨、渋谷、青山、品川といった、今のＪＲ山手線沿い一帯に広く生息していたようだ。

表３－１をみると、吉宗による御猪狩・御鹿狩は二つの類型に分けることができる。一つは、身近な近習《きんじゅう》を連れて御府内の近場に出かけ、自ら鉄砲などで猪や鹿を狩る場合である。享保十五（一七三〇）年から同二十（一七三五）年にかけて、駒込、巣鴨、渋谷、青山、品川、鼠山に出かけている。吉宗が狩猟好きであるとされる所以であろう。今一つは、両御番組から騎馬勢子や立勢子を選び、数千人レベルの百姓勢子を動員して、大規模な軍勢を動かす御猪狩・御鹿狩である。その端緒が、駒場野において享保八（一七二三）年から始まった御猪狩である。初回の御猪狩の成果は猪が一八疋、兎が一疋、生け捕った猪が四疋であった。三年後の享保十一（一七二六）の獲物の数は、猪二疋、鹿一疋で、百姓勢子を大勢動員したわりには多くない。『大狩盛典』には、この時の詳細

な陣容配置図が掲載されており、武士や百姓らを動員する訓練に重点があったことが窺える。

吉宗による御猪狩が行われた駒場野は代々木野から続く広い原であった。天保期に出版された『江戸名所図会』のなかでは「雲雀《ひばり》、鶉《うずら》、野雉、兎の類多く、御遊猟の地なり」と説明されている。「御遊猟の地」と表されるとおり、享保期（一七一六〜一七三六年）以後、駒場野は一五万坪の広大な御鷹場とされた。吉宗が御鷹狩を再興した際には、江戸城から十里四方の六筋に将軍の御鷹場が設けられたが、駒場野は目黒筋にある御鷹場である。その一角で御猪狩が行われた。御鷹場ごとに狩られる鳥はある程度決まっていたが、駒場野では十月から十一月にかけて鶉を狩ることが恒例とされた。将軍の「御鷹」が捕えた鶴や鴨、雁、雲雀等は、諸大名へ下賜される贈答儀礼の対象であったのに対し、鶉は御鷹の生餌にされた鳥である。鶉を狩る際には、御番衆らが勢子を務め、潜んでいる鶉を駆り出した。狩りの対象が鶉であれ猪であれ、駒場野は番方などを動員する軍事訓練の場となっていた感がある。

駒場野における御猪狩が原型となって、享保十（一七二五）年以降、小金原における大規模な御鹿狩が実施されるようになった。徳川家斉・徳川家慶による小金原御鹿狩の挙行に際しては、本番前の予行演習が駒場野で行われた。ちなみに、武蔵国豊島郡角筈村の史料を見ると、一九世紀以降、駒場野における鶉狩りの実施を村々に伝達する記述はあるものの、猪狩りに関する伝達はみられない。このころには、駒場野周辺における猪の生息が減っていたのかもしれない。将軍の指揮下で猪を狩る場所は、下総国の小金原となっていた。

下総国小金原での御鹿狩

小金原での御鹿狩は、享保十（一七二五）年・同十一（一七二六）年、寛政七（一七九五）年、嘉永二（一八四九）年の四回にわたり挙行された。小金原は下総国にある幕府の馬の放牧地であった。四〇里野とも呼ばれ、下総台地中央を南北に連なる幕府の牧の総称である。高田台牧（十余二）、上野牧（豊四季）、中野牧（初富・五香・六実）、下野牧（二和・三咲）、印西牧（十余一）の五牧があり、幕府の牧場として約二千頭の野生馬が放牧されていた。草原に恵まれた小金原では、後述のとおり、鹿や猪のほか、馬を襲う狼なども生息していた。御鹿狩は中野牧を中心に行われた。表3－1に示したとおり、二代将軍徳川秀忠が佐倉・吉田へ出向いて狩りを行っているが、鷹狩で鶴を獲ったついでのことで、猪や鹿を得た数は少ない。本格的に猪や鹿を狩る場が下総国となったのは、享保期以降である。

二　小金原御鹿狩にみる猪・鹿の生息状況の変化

小金原御鹿狩における獲物の数の変化

前述のとおり、小金原では享保期に二回、寛政期に一回、嘉永期に一回の計四回の御鹿狩が行われた。その際に捕られた獲物の種類と数をまとめたのが表3－2である。参照する史料によって記

表3－2　『大狩盛典』にみる小金原御鹿狩の獲物の変化

（　）内は獲物合計に占めるウェイト

実施年	挙行した将軍	獲物の合計数	うち　鹿（ウェイト）	猪（ウェイト）	兎（ウェイト）	雉（ウェイト）	その他
享保10年	吉宗	814	800 (98.2%)	3 (0.4%)	0 (0%)	10 (1.2%)	狼1 (0.1%)
享保11年	吉宗	487	470 (97.3%)	12 (2.5%)	0 (0%)	0 (0%)	狼1 (0.2%)
〈享保期小計〉		1297	1270 (97.9%)	15 (1.2%)	0 (0%)	10 (0.8%)	狼2 (0.2%)
寛政7年	家斉	116	98 (84.4%)	6 (5.2%)	5 (4.3%)	1 (0.9%)	貉3、狐3 (4.3%)
嘉永2年	家慶	297	19 (6.4%)	99 (33.3%)	168 (56.5%)	3 (0%)	貉3、狸5 (2.7%)

（注）小金原御鹿狩における獲物の数については、各種の資料に記載があり、違いがみられる。ここでは、本章において主に参照している『大狩盛典』（国立公文書館所蔵）に依拠した。各年代で参照した巻は以下である。
享保10年は巻之十のうち「徳川実紀」の記事、享保11年は巻之百三十八のうち「享保年報」の記事、寛政7年は巻之百三十八のうち「御使番留書」の記事、嘉永2年は巻之百三十九のうち「御馬預控西尾氏留書」に依拠した。

述された獲物の数に違いがあるが、ここでは第一節で参照した『大狩盛典』に記載された数値をもとに、動物の種類ごとの数量、当該時期の獲物の総数に占めるウェイトを算出した。

獲物の総数をみると、初回の享保十（一七二五）年は八一四疋であったが、第三回の寛政七（一七九五）年は一一六疋で、初回の約七分の一に激減している。第四回の嘉永二（一八四九）年は二九七疋で、第三回の約二・五倍に増えているが、第一回に比べれば半分以下である。もっとも、第四回の御鹿狩では、小金原周辺以外の地域から動物を生け捕りにして集めたため（後述）、小金原に生息する動物が仕留められた数は、表3－2に記した数量よりもはるかに少ないことを留意する必要がある。

御鹿狩に動員された人数についても、様々な史料の記述があるため確たる数値を示すことは難しいが、享保十年には幕臣と近隣の百姓を合わせて一万人余りが動員されたのに対し、寛政七年には幕臣が約一万五千人と百姓が約七万二千五百人（『大狩盛典』）、嘉永二年については幕臣約二万三千五百人と百姓約七万九千人が動員されたと言われる（『小金原御狩記』）。回を重ねるごとに動員数が増加した一方、嘉永二年の獲物の数が享保十年半分以下であることから、小金原周辺における野生動物の生息数が享保期に比して格段に減少していたことが示唆される。

小金原御鹿狩における獲物の種類の変化

次に、狩られた動物の種類の内訳をみる。享保十年の時点では、鹿が八百疋で獲物の九八％余を占め、猪は〇・五％にも満たない。明治期に絶滅した狼が一疋含まれるが、兎はゼロである。翌享保十一年は、猪のウェイトが若干上がっているが、鹿が獲物のほとんどを占めた状況に変わりはない。この二年で獲られた鹿は一二七〇疋に上る一方、猪は一五疋、兎は皆無である。享保十年の御鹿狩に際し、吉宗は囲いの網を切って鹿を逃がす指示を出し、その数は二〇〇〇疋に及んだとされる（『御狩日記一』国立公文書館所蔵）。こうした記述からも、享保期には小金原周辺に極めて多くの鹿が生息していたことが窺える。生類憐み令の後、野生動物の数が増えたのかもしれない。

吉宗が進めていた新田開発政策の視点でいえば、多くの鹿が田畑の近くに生息することは、耕作の支障となりうるものであった。享保期の御鹿狩には、幕臣の士気高揚といった狙いだけでなく、小金原周辺での新田開発の動きを視察し、農業生産を支援する側面もあったように思われる。

ところが、寛政七年になると、獲られた鹿の数は一〇〇疋を下回り、獲物全体に占めるウェイトも八五％弱まで低下した。それに比して猪のウェイトは約五％、兎や狸などの小動物が約一割へと上昇している。鹿のウェイトが下がったとはいえ、鹿や猪のような大型の獣が約九割を占める点では、開発中の耕地への悪影響が懸念される状況が続いていたことが示唆される。

ちなみに、久世丹後守が発出した触書には「かねて村々諸作ものを荒し、難儀《なんぎ》に及ばせ候猪・鹿、この時節ならでは絶やし申すべく様《よう》これなく候間《あいだ》、一村限猪・鹿残さざる様追い遣《つかわ》し申すべく事」とある。触書の文言どおりに解するには慎重を要するが、田畑を荒らす獣害があることへの言及はあながち虚言でないであろう。いずれにしても、村に居籠る猪・鹿を一掃する名目で、幕府は寛政期の御鹿狩に臨んだ。

このような姿勢で実施した寛政期の御鹿狩を経て、嘉永二年に行われた御鹿狩の獲物の状況をみると、鹿のウェイトが一挙に六％台まで下がっている。この間、猪のウェイトが三三％余に上昇している。特に注目されるのは兎のウェイトが五七％、狸などを含む小動物で六割を占めるようになった点である。およそ「御鹿狩」という呼称になじまない状況に至っている。なお、猪の割合が上昇していることは、鹿と猪の繁殖力の違いや、鹿が生息できる森林が伐採されるなどの環境変化が背景にあるのではないかと推測される。

嘉永期の動物生息調査

嘉永期の御鹿狩を計画するにあたり、江戸馬喰町屋敷内の御鹿狩御用役所の役人たちは、前例の記録を調査した。当然のことながら、享保期・寛政期の獲物の数なども調べ、村内に生息する鹿や猪が減少している傾向に気づいたはずである。寛政七（一七九五）年の御鹿狩よりも動員する幕臣や百姓の数を増やし、大規模な御鹿狩を挙行するには、動物が確保できるかが成否の鍵となっていたといえる。

そこで、役人たちがまず取り組んだのは鹿や猪などの生息調査であった。簗山茂左衛門・青山録平・斎藤嘉兵衛の連名で調査実施の触書を出した地域は、上総国の山辺・武射・埴生・夷隅・長柄・市原の六郡、下総国の葛飾・千葉・印旛・匝瑳・海上・相馬・埴生・香取・猿島・岡田・豊田・結城の一二郡、常陸国の筑波・河内・新治の三郡、合計二一郡の村々に及んだ。広範な地域を調査した結果、小金原の南側、江戸湾に沿う地域には猪や鹿の生息が確認できないことが明らかとなった。きわめて多くの鹿が小金原周辺に生息していた享保期とは様変わりしていた。

このような変化の背景について、『大狩盛典』百十五巻では、「寛政の頃までは森林等もこの節よりは繁茂いたし、余程《よほど》猪・鹿も籠《こも》り、人通ひも致さざる所もこれ有り候由《よし》に候ところ、その後追々右林伐透し、又は畑地に相成り、人家出来候所もこれ有り、人通ひも多く相成り候ゆえ、猪・鹿居り付き候場所もこれ無し」と記している。この記述によれば、寛政期頃までは鹿や猪が居籠れる森林があったが、開墾に伴う木の伐採や人の往来が増えることで、動物たちが生息できる場所がなくなったことが生息数の減少の要因としている。また、「近年、印旛沼の堀筋御普請御座候えば、なおさら余所《よそ》より通り来し候猪・鹿もこれ無き由《よし》」とあるように、掘割工事によって周辺地域から人が往来する機会が増えたことも影響していたようだ。一八世紀半ば以降、「江戸地廻り経済」の進展により小金原周辺への人の往来や商品流通が盛んになった状況に反比例するかのように、鹿や猪などの生息域は狭くなっていたとみられる。

この間、小金原の北側の地域では鹿や猪の生息が確認された。そこで、役人たちは、遠方の村々に事前に鹿や猪を生け捕らせ、獲物を確保することとした。

猪・鹿の生け捕りを命じる

御鹿狩御用出役斎藤嘉兵衛の手代中村条助が作成した『小金野御鹿狩御用留』（東京国立博物館所蔵）には、常陸国真壁郡の村々に猪・鹿の生け捕りが命じられた際の対応状況が記される。この記録からは、生け捕りが想定どおりに進捗したわけではなかったことが窺える。真壁郡での進捗状況の一端を示すと、以下のとおりである。

御鹿狩を約半年後に控えた嘉永元（一八四八）年九月に、常陸国真壁郡下館町組合など十組合は四五疋の猪・鹿を生け捕るように命じられた。馬喰町の御役所では各組合が分担する割合を村高に応じて配分計算した。当時、猪に売買相場があったかどうかは定かでないが、「猪壱疋代金五両積り」の想定で、猪二疋は鹿一疋相当、兎三〇疋で猪一疋相当の扱いで様々な計算がなされている。

つまり、鹿一疋は金一〇両、兎一疋は約一〇八三文（当時の公定金銭相場、金一両＝銭六五〇〇文で換算）とカウントされていたことになる。単純比較はできないが、農民の年間収入が約一三両、支出が約一〇両（小野武夫編『江戸物価辞典』、磯田道史編『江戸の家計簿』等を参照）であったことからいえば、生け捕る対象の猪や鹿の価値はそれなりに高く見積もられたことになる。

進捗しなかった生け捕り

村々に割り振られた生け捕りの賦課は、村の石高に応じて機械的に計算されたもので、実際の生息状況に対応したものではなかった。一一疋の捕獲を割り振られた下館町組では、村内での確保は無理と見込んだのであろう。すぐさま会津郡に人を派遣し、丹藤村に猪などの生け捕りを一疋あたり金二両三分として依頼する証文をとり交わした。しかし、十二月の時点で確保できたのは猪二疋にとどまった。報告を受けた御役所では、猟師の協力も得て、生け捕りを進捗させるよう指示した。鹿の数が足りないことを特に懸念していた。

しかし、嘉永二（一八四九）年に入ると、役人らも必要な鹿を確保することが難しい現実を認識した模様で、兎・狸をなるたけ多くつかまえるように達するに至った。しかし、三月十八日の御鹿狩挙行日を目前にしても、真壁郡の捕獲数は、猪一五疋、鹿三疋、兎三〇疋で、猪に換算して合計二二疋であった。大矢敏夫氏の研究によれば、御鹿狩の数日前までに高柳村に運び込まれた総数は、鹿が三七疋、猪が二五〇疋余、兎が何百疋とされる。これらが御鹿狩の際に放たれたが、狩りの終了時に残っていたのは半分程度であったそうだ。表３－２に挙げた獲物の総数は二九七疋である。生け捕られた動物たちが大半を占めていたことになる。

嘉永期御鹿狩の狙い

「御鹿狩」の目的については、田畑を荒らす獣を駆除する意味合いがあったといわれるが、嘉永期についていえば動物たちの駆除が必要な状況ではなくなっていた。享保期のように極めて多くの鹿が生息していた際には、田畑を荒らす野生動物を狩ることで百姓らを救う意味合いもあったろう。しかし、嘉永期にはかかる名目はなりたたなくなっていた。嘉永期の幕府が猪や鹿などを生け捕りにしてまで過去三回よりも大規模な御鹿狩を行ったのはなぜか。弘化元（一八四四）年にビッドルが浦賀に来航し、アメリカとして初めて開港を公式に求めたことは、幕府にとって江戸湾防御力を高める必要性を強く認識する機会となった。こうした時期に将軍の指揮下での御鹿狩を挙行したのは、偶然ではなかろう。海防のための財政負担が重く幕府にのしかかってくるなかで、御鹿狩の経費を度外視しているかのような大規模な人員投入を行ったことは、カネとは別の視点での政治的意図があったことを物語る。幕府が直面する危機に際し、武士の軍事演習を行う狙いだけでなく、動員される百姓や見物する民衆へ、将軍の権威を示す政治的ページェントとしての意味があったと考えられる。

三　小金原で狩られた猪・鹿・兎たち

錦絵に描かれた動物たち

前節で述べたとおり、嘉永二年の御鹿狩における獲物となった猪や鹿、兎、狸たちの多くは、常陸国などの遠方から運ばれてきたものであった。事前に生け捕られ、御狩の当日まで餌で生かされた挙句に、狭い箱や籠に入れられて運ばれきて、武士の矢や鎗で仕留められた。動物たちは言葉を発することはできないが、たまったものではない。口絵⑥「温故東の花 第五篇 将軍家於小金原御猪狩之図」には、矢が当たって苦しむ猪のほか、必死に逃げまわる鹿や兎、狸などの様子が描かれている。

嘉永二年の御鹿狩での人員体制については、『松戸市史』や大矢敏夫氏などの研究に詳しい。このため、本章では、動物たちがどのように仕留められ、その後いかに処理されていったかを、狩りにかかわった人たちの動きに着目しながら述べていくこととする。

「小金原御猪狩之図」のなかで、矢がささった猪や騎馬の武士から逃げようとする鹿、兎などがいる場所は、狩場のほぼ中央に設けられた騎射場である。騎射場は「四本松」と呼ばれる七五間（約一三六メートル）四方の角々に松を一本ずつが植えられた内側のエリアである。その狭いエリア内の射程距離から一三人の騎射勢子が猪や鹿に矢を放って射止めようとした。この一三名は小姓・書院番・大番・小納戸などから選ばれた弓矢の達人であるが、全員が獲物を仕留めたわけではなかった。獲物を射止めたのは、小姓組の薬師寺筑前守（鹿二疋と猪一疋）、小姓組の糟屋筑後守（猪一疋）、小姓組の萩原源三郎（鹿二疋〈薬師寺と相矢〉と猪一疋）、西丸小納戸の青山右衛門（鹿一疋と猪一疋）であった。

『小金原御狩記』（神奈川県立文書館所蔵）によれば、糟屋筑後守は「間近く進み来る猪を胴中深く射通し」て仕留めたと記されるが、このようなケースばかりではなかった。薬師寺筑前守は追い立てられてきた猪が近くにきたところで矢を放ち当たったものの、猛々しい猪は弱りもせず走り回るばかりで、それを追いかけ続けて射止めた。射る武士も追われる猪も必死であった。

騎射場の外で逃げ回る猪や鹿などを、追騎馬部隊が追い詰めて鎗で突き止めることもあった。御小姓土岐豊前守の組に属した佐久間鐇五郎は馬に鞭打ち、逃げる猪を四方八方に追い回して、少し弱ってたたずむところを後ろから突き伏せた。まだ毛並みのそろわない狸が逃げていくのを馬で追い、五人がかりで突いた者たちもいた。

将軍が御鹿狩を見渡す御立場の前には、所定の場所で立ち並ぶ勢子たちがいた。彼らの前に網などはなく、追い込まれた猪や鹿などが目の前に向かってきた。そのとき、動物を狩場に押し返すのが彼らの役目であったが、それが難しい場合には竹柄の鎗で突くことが許されていた。実際には、抵抗する力のない小型の兎なども鎗で突く対象となった。

このように、様々な役割を担った御鹿狩の参加者たちが獲物を仕留めていったわけだが、忘れてならないのは御鹿狩は将軍の狩猟であった点だ。将軍自ら獲物を仕留めることで狩りは完結した。ちなみに、将軍徳川家慶が突き止めたのは兎二疋であった。

御鹿狩を見る人々

では、このような御鹿狩の様子を人々はどのような感覚で見ていたのだろうか。村々から動員された百姓たちは、生け捕った動物を運び、狩場へ追い込む役目を終えた後、見物することができた。『大狩盛典』に掲載された挿絵には、「悦」と記された酒樽が積み上げられ、役目を終えた百姓たちがありがたく杯をいただいている様子が描かれている。

また、多くの見物人が江戸などから小金原に押し寄せた。その場で見物できない江戸の人たちの関心にこたえるべく、瓦版や錦絵などもすぐに出版された。たとえば、「御用掛御役人」と題する刷り物では、次のような情報を人々に伝えている。

> 御用掛御役人　御老中様　御若年寄様　恐れながら当三月十八日小金原　御鹿狩おめでたく相済み候えば、先一ノ手之御高名には鹿二百疋、二ノ手しし四百疋、三ノ手しか百疋、四ノ手熊五十疋、五ノ手鹿五十疋、しし三十疋、六ノ手うさき二百疋、しか百疋、七ノ手いろいろけものおよそ五百疋打ち取り　まことにめでたき御狩也（傍線は筆者）

この詞書には熊が記されていたり、猪や鹿の数量が過大であるなど、情報としての正確さに欠けるが、武士たちが多くの獲物を仕留めた御鹿狩の盛大さを人々に知らせることが狙いであったことがわかる。当時の人々にとって、仕留められた多くの動物たちは、徳川将軍の政治的権威を感じ取らせてくれる「めでたい」存在であったのだろう。

江戸へ運ばれた獲物たち

小金原で狩られた大量の獲物たちは、江戸城に向けて運ばれた。その様子の一端は、「鹿猪は壱疋ずつ、兎は五疋ずつ縄からけいたし、銘々鎗《めいめいやり》を突き、又は矢を射候人々御名を木札に記して送る」（「御鹿狩日記録」中の「人足共猪鹿兎松戸迄持運之図」の添え書き、東京大学史料編纂所所蔵）といった記述から窺い知れる。棒に縄でくくりつけられた獲物のなかには、まだ息のあるものもいたといわれる。

獲物の運搬を担ったのは御鹿狩に動員された村々の百姓であった。松戸で将軍が小休憩をとっている間に、江戸近郊の村から動員された百姓らに交代した。百姓らが担いだ獲物の列は、船橋、千住、蔵前などを通り、沿道の人たちが見守るなかを江戸城に向かった。到着した獲物は将軍の上覧を受けた後、平川門そばの御舂屋《おつきや》（米をつく所。幕府の賄方の食料倉庫）に運び込まれた。その後、御鹿狩の参加者へ下賜された。

なお、獲物を仕留めた功労者へ自らが狩った獲物が下賜されたわけではなかった。たとえば、騎射勢子として鹿二匹を射止めた薬師寺筑前守が拝領したのは兎一疋であった。将軍の御前騎馬を務めた奥小姓十六人に対しては猪六疋と兎十疋が、歩行勢子や追駆騎馬などを勤めた番方衆に対しては鹿五疋・猪四十疋・兎四十四疋・狸四疋が下賜された。代表の者が御春屋で動物たちを受け取り、配下に切り分けて分配した。

こうして分配された獲物の肉がどのように扱われたかの詳細は定かでないが、将軍徳川家慶に同行した嫡男家祥（後の一三代将軍徳川家定）に対して兎の吸い物を勧めたところ喜んだとのことである。下賜された武士たちも汁に料理されたものを食したのだろう。もっとも、獣肉を食べることに馴じまず、土中に埋める者もあったといわれる。

四　駒場野・小金原の幕末維新

嘉永期御鹿狩に参画した武士たちのその後

前述のとおり、小金原での御鹿狩は嘉永二（一八四九）年三月の実施を最後に、以後行われることはなかった。小金原周辺での獣の生息が減った事情もあったろうが、開港を契機に国内外の情勢がさらに緊迫し、実地の海岸防備や内戦に忙殺されていたことも一因であろう。

だが、そうした緊迫した時期だからこそ実践的軍事演習の必要性が高まる面もあったはずだ。では、なぜ御鹿狩がなされなくなったのか。その背景を、嘉永期の御鹿狩に参画した将軍・幕閣たちのその後の様子からみてみよう。

御鹿狩を行った一二代将軍徳川家慶は、四年後の嘉永六（一八五三）年にペリーが浦賀沖に来航した直後に薨去した。将軍継嗣《けいし》として御鹿狩に同行していた家祥が一三代将軍徳川家定となったが、嫡子がいなかったため、紀州藩主徳川慶福（後の徳川家茂）を推す井伊直弼ら南紀派と一橋慶喜（徳川慶喜）を推す島津斉彬や徳川斉昭ら一橋派が将軍継嗣をめぐって争ったことはよく知られる。家定は在任の間、健康状態がすぐれず、安政五（一八五八）年六月に徳川慶福を将軍継嗣とする意向を伝えた後、七月に薨去した。

御鹿狩の総責任者の立場にあった老中阿部正弘は、徳川家定のもとで日米和親条約の締結に向けて対応したが、その過程で、幕府の軍事体制や調練のあり方への問題意識も抱くようになった。その一つが、旗本・御家人の子弟を対象とした武芸訓練機関である講武場（後に講武所）の設置である。講武場では、古来の剣術や日本式鉄砲術・大筒術だけでなく、西洋式の砲術や戦術学の研究も行われた。阿部は西洋式軍備に向けて力を注いでいたが、安政四（一八五七）年六月、老中在任中に死去した。

阿部正弘が創設した講武所を廃止し、西洋式の軍制改革をさらに進めたのは一五代将軍徳川慶喜である。慶喜も一橋卿として御鹿狩に随行し、御鹿狩の一部始終を見ていた一人である。家定の将軍継嗣問題で南紀派に敗れたが、一四代将軍徳川家茂のもとでは将軍後見職となり、文久の軍制改革にも関与した。この改革では、陸上戦闘を任務とする西洋式軍備の幕府陸軍が設置された。家茂が大坂城内で薨去した後に将軍となった慶喜は、フランスの協力を得て横須賀製鉄所を建設するなど産業や軍事力の近代化を図った。フランス軍事顧問団を招聘して陸軍士官教育にも力を入れた。大番などの旧来の組織を縮小し、優秀な者を奥詰銃隊や遊撃隊として幕府陸軍に編入した。

このように、嘉永の御鹿狩に参画していた阿部正弘や徳川慶喜らが、自ら西洋式調練の強化や軍制改革へと舵をきっている。安政四（一八五七）年に創設された講武所には剣術などの武芸の訓練も組み込まれていたが、文久二（一八六二）年には将軍による弓術の上覧が廃止され、講武所における弓術科等を廃止する方針が出された。洋式の調練が奨励される流れの中で、旧来の方法での御鹿狩が挙行されることはなくなった。

駒場野の幕末維新

幕府軍の歩兵らが用いる武器が銃砲となるにつれ、火薬の製造や保管が課題となった。その製造・保管に適した場所として、目黒一帯が注目されるようになった。安政四（一八五七）年、幕府は焔硝蔵《えんしょうぐら》（火薬庫）をこの地域へ移転した。さらに、中目黒村内の田への分水口下に、砲薬調合用の水車場が建てられた。『武江年表』の文久三（一八六三）年九月の一節には、「二十六日昼、四つ半時頃、荏原郡目黒在三田村、合薬（鉄炮に用ふる所の品なり）の製所に、過って火を発す。其響四、五里に聞えたり。即死・怪瑕《けが》の者七十余人といふ」との記述がある。静かだった目黒の地は火薬の匂いのする場に転じていた。

駒場野は嘉永期まで御鹿狩の予行演習の場となっていたが、慶応期には幕府陸軍の調練の場として活用することが検討された。慶応三（一八六七）年五月、フランス軍事教官シャノワンは、大規模な演習や射撃訓練を駒場野で行いたいと幕府に建白した。幕府は駒場野を演習場にするために民家二〇〇軒余りを取り払って拡張しようと計画したが、それに反対する百姓や町人らによる一揆が起こり、この計画は断念された。その後、板橋徳丸ヶ原を演習場として拡張しようと計画したが、これも村々からの反対で実現しなかった。徳川慶喜が大政奉還したのは、演習場拡張計画を断念した直後の慶応三年十月のことである。

では、徳川幕府が崩壊することで駒場野が軍事演習の場として注目されなくなったかというと、その逆であった。明治政府が富国強兵策を進めるにあたり、駒場野周辺は軍用地として改めて重要視されるようになった。明治三（一八七〇）年四月七日に天覧の大調練が駒場野で行われた。この調練は明治天皇が皇宮の外に出かけて練兵に臨んだ最初の機会であった。こうした練兵が行われた後、駒場野周辺はさらに軍事拠点として拡張されていった。明治二十四（一八九一）年には騎兵第一大隊（のち連隊）の兵営が、翌年には物資輸送を担う近衛輜重兵《しちょうへい》大隊第一中隊（のち大隊）の兵営が築かれ、駒場野の一角に駒場練兵場が置かれた。

日清戦争前夜の駒場野の風景は、約六〇年前に『江戸名所図会』に記されたような、野生動物や鳥がのどかに生息する広い草原ではなくなっていた。

図3－1　曜斎国輝「下総国習志野原大調練天覧之図」
国立国会図書館デジタルコレクション　明治7（1874）年

小金原の幕末維新

では、徳川将軍による御鹿狩が途絶えた後の小金原はどうであったのか。小金原の放牧場では、一五代将軍徳川慶喜へナポレオン三世から贈られたアラビア馬が飼育された。こうした幕府の牧は明治二（一八六九）年まで存続した。

明治維新政府によって牧を廃止する方針が出された明治二年以降、士族とその使用人の生活と社会の安定のために東京府管轄で開墾が開始された。入植地は、現在の千葉県の鎌ヶ谷市、船橋市、流山市、柏市、松戸市、八街市、香取市、成田市など広範な地域にわたる。もっとも、広い小金原の中には、明治政府の陸軍の演習地として活用された習志野のような場所もあった。

図3－1は、明治六（一八七三）年四月二十九日に、現在の船橋市や習志野市などにまたがる地で、近衛兵らによる西洋式の大演習が行われた様

子を描いた錦絵である。天皇が観覧する小高い場所にある御座所《ござしょ》は、徳川将軍の御鹿狩での御立場を髣髴とさせる。御座所の前には日の丸の旗を掲げた近衛兵がたちならび、画面前面には黒い洋式軍服を着た兵が猪や鹿、兎などを追う様子が描かれる。この錦絵にどこまで写実性があるかは定かでないが、明治維新期に大規模演習を行うに際し、江戸時代の前例も調べながら準備・計画がなされたことが推測される。その後、海外列強諸国との緊張感が高まる中で、習志野原ではたびたび大演習が行われた。

むすびにかえて

本章では、江戸近郊において猪や鹿など大型の獣を徳川将軍が狩った場所や時期、獲物の数などの情報を整理しながら、江戸時代初頭から幕末維新期までの変化を辿ってみた。動物たちを矢や鎗など仕留める形での狩猟は、生類憐み政策がとられていた時期を除き、開港直前の嘉永二（一八四九）年まで実施された。狩装束の武士が弓矢などで獲物を狩る形態の基本的な部分は、徳川家康や家光のころから変わらない面があったものの、獲物となった動物たちの生息状況や狩られた背景となる政治的事情などには時期によって変化があった。こうした点につき、本章において狩られた動物たちの種類などの変化をたどってみると、野生動物の生息状況と社会経済活動の進展との関係など、以下のような点が浮かび上がってきた。

江戸時代の初頭から動物が狩られていたが、八代将軍徳川吉宗の治世の頃までの獲物としては鹿が目立っていた。三代将軍家光の治世のころには、武蔵野台地の板橋や三宮司などに、多数の鹿が生息する自然環境があった。しかし、街道や宿場の整備、社会経済活動の進展に伴い、一八世紀半ばころにはこうした場所での鹿の生息が少なくなっていた。吉宗以降、鹿を狩る場所は下総国の小金原に移った。幕臣や百姓を動員した大掛かりな狩を実施できる広大な場所を求めた面もあろうが、武蔵野台地に鹿が生息しなくなっていたことも背景にあったと考えられる。

小金原で御鹿狩がなされるようになった享保期には、周辺に極めて多くの鹿が生息し、開発されつつあった田畑での耕作の支障にもなりかねない状況であった。御鹿狩の目的の一つに、田畑を荒らす獣を狩ることがあったといわれる。吉宗が新田開発の政策を進めていた折柄、鹿などを狩ることで政策推進の支障を除去する性格も帯びていたかもしれない。しかし、小金原周辺での鹿の数は一九世紀初にかけて減少した。新田開発や江戸へ供給する薪炭の生産を盛んにする過程で森林が伐採され、人の往来も盛んになったことが影響していたとみられる。

寛政期を過ぎた頃には、江戸に近い地域では鹿の姿は皆無に近くなった。下総国だけでなく、常陸国、奥州でも獲物となる鹿が少なくなっていた。一八世紀半ば以降、「江戸地廻り経済」が進展し、江戸周辺の村々での経済活動が活発となる動きと反比例するかのように、鹿の生息領域が狭まっていたようだ。

猪が獲物の主役になってきたのは徳川吉宗の治世からであった。吉宗が猪を狩った場所は、近習を連れて出かけた駒込・青山・品川などのほか、御番衆や百姓を動員した駒場野であった。一八世紀半ばころには、板橋など武蔵野台地にある場所から鹿が姿を消しつつあった模様ながら、猪はあちこちに生息していた。小金原の御鹿狩でも、寛政期を過ぎて鹿が獲られなくなってくると、猪が鹿に取って代わっている。定かな理由は史料からはわからないが、鹿よりも猪のほうが繁殖力が強かったり、雑食性であることなども影響していたかもしれない。生物・動物に詳しい方々の知見を得てみたい。

もっとも、嘉永期になると、猪さえも小金原や江戸に近い場所では見かけなくなり、常陸国や奥州でも減少していたことが史料から窺える。こうした生息状況のもとで実施された将軍による御鹿狩については、田畑を荒らす動物を狩る名目は後退し、武士の軍事演習としての実用とともに、異国船来航等の時節にあって危機をのりきるうえで動員する武士や百姓、見物する民衆に将軍の権威を示すページェントの色彩もあったと考えられる。

また、嘉永期の御鹿狩の準備段階で、役人によって鹿や猪の生息調査が行われていたことは注目される。だが、その目的は現代のように生態系を知ろうとするものではなかった。あくまで、御鹿狩の獲物を確保し、徳川将軍の政治的権威を示す狩りを成功させることに主眼があった。従来の方法では獲物の確保が難しいと判明するや、事前に遠方の村々で生け捕らせ、餌付けして狩場に運ぶ措置までとった。野生動物たちは、軍事演習で仕留められる対象として扱われていた。

幕末期には、武蔵野台地や小金原周辺で鹿や猪はほとんど生息しなくなっていたと目される。獲物がいなくなった駒場野や小金原であったが、その意義は明治維新後も失われることはなかった。

徳川将軍のもとで狩場として活用された広い原は、明治政府による軍の調練場や屯所の設置場所となっていった。

習志野において天覧のもとで実施された大規模な調練を描いた錦絵では、徳川将軍のもとでの小金原御鹿狩とよく似た光景が描かれている。明治期の史料『小金野鹿狩之記』（国立公文書館所蔵）は内務省用箋に御鹿狩の記録を有彩色の挿絵付きで写したもので、動物たちが狩られた様子を今日に伝えている。明治政府の役人らは、徳川将軍の狩猟に無関心だったわけではなかった。徳川将軍の指揮下で動物たちが狩られた様子を伝える記録類を筆写したり参照しながら、明治維新後の軍事調練の場の準備・形成につなげていった面があったように思われる。

（参考文献）
板橋区立郷土資料館『いたばし動物ものがたり―自然・狩猟・見世物―』、二〇〇〇年
大矢敏夫『徳川将軍の小金原御鹿狩　小金原御鹿狩のことがわかる』デザインエッグ株式会社、二〇二〇年
塚本学『江戸時代人と動物』日本エディタースクール出版部、一九九五年
根崎光男「近世農民の害鳥獣駆除と鳥獣観」『人間環境論集』第一巻第二号　法政大学人間環境学会、二〇〇一年
松戸市誌編さん委員会『松戸市史　中巻　近世編』松戸市役所、一九七八年
東京都立大学学術研究会『目黒区史』目黒区役所、一九六一年

Interlude 2　江戸大名屋敷の獣肉食
――慶應義塾中等部構内から出土した動物骨から

石神裕之

はじめに

二〇〇九年九月、東京都港区三田二丁目の慶應義塾中等部構内で遺跡が発見された（正式名称：会津藩保科（松平）家屋敷跡遺跡。便宜的に「慶應義塾中等部遺跡」と呼称）。体育館の建て替えに伴う事前調査において遺跡の存在が確認されたもので、のちに本格的な発掘調査が、慶應義塾大学文学部民族学考古学研究室の指導のもと実施された。この遺跡からは、縄文時代から近代に至る多様な遺物や遺構が発見されたが、なかでも江戸時代の遺構からは、動物遺存体と呼ばれる魚骨や貝類、獣骨類が多数出土した。そこで本稿では、そうした動物遺存体の分析を通して、江戸時代の獣肉食について紹介したい。[*1]

一　慶應義塾中等部遺跡の概要と出土した動物骨

まずは遺跡の概要について、簡単に説明しておきたい。慶應義塾中等部が位置する場所は、江戸時代には会津藩保科（松平）家の下屋敷が存在していた。今回の発掘調査ではそうした屋敷に伴う遺構や遺物が多数、発掘された。近世当時は「三（箕）田屋敷」と呼ばれており、いわゆる「下屋敷」に位置づけられていた。三代将軍家光の異母弟にあたり、初代当主の保科正之（一六七七〜七二）は、桜田の上屋敷や芝新銭座（「汐留遺跡」として発掘されている）にも屋敷（中屋敷）を所有していたが、明暦四（一六五八）年五月十五日に、この三田の地を拝領した。ちなみに正之は三田という土地へ相当の思い入れがあったことが史料から窺われ、寛文五（一六六五）年には「御気色緩々養生（ノ）為」に居住地を三田屋敷に移し、この屋敷で没している。

この三田屋敷内の様子については、絵図や文献史料上の記述などが現存せず不明であるが、会津藩の公的記録である『会津藩家世実記』の記載として、宝暦十（一七六〇）年二月四日の火災では、「御座向（御殿か）」、「藤棚茶屋」などが焼失、「表御門」、「裏御門」、「土蔵」、「山之茶屋」などが焼け残ったと伝えられており、三田屋敷の性格として、一般の下屋敷とは異なり、表向きの御殿空間的な機能を有していた可能性が窺われる。それは世継ぎとなる男子や隠居した当主が、この屋敷に居住していたことからも理解でき、上屋敷とともに、一定の公的機能を持つ屋敷であったようである。

今回の慶應中等部遺跡では近世の遺構として、一八世紀末から一九世紀前半の生活面（当時生活

図 ii－1　中等部遺跡　近世 20 号遺構

図 ii－2　中等部遺跡近世 20 号遺構から出土した「漆漉し紙」

していた地表面。本遺跡では現地表面よりも一メートルほど下になる）に構築された大きな「ごみ穴」（近世二〇号遺構）が発掘された（図ii－1）。当時の屋敷内での暮らしの実態を窺い知ることができる陶磁器や土器をはじめとする遺物や、多数の魚骨、貝類などが出土した。陶磁器の製作年代から推測すると一八世紀末のもので、江戸後期の生活「ごみ」といえるだろうか。ちなみに会津本郷焼といった都市（江戸）の遺跡ではほとんど出土しない会津の国元産陶器も出土しているほか、「漆漉し紙（生漆の不純物を漉しとる際に使用する紙）」も多数出土している（図ii－2）。会津漆器は現在でも著名だが、下級武士たちが内職などで漆製品を補修、製作したものとも推測されよう。

改めて慶應中等部遺跡から出土した動物骨を概観したい。動物種の同定やその評価を担当した阿部常樹によれば、本遺跡から出土した動物遺体は、魚貝類が多く、獣骨類は多くはない。目視で検出した資料としては、九群四四点。フサカサゴ科三点（二三・一％）、ヒラメ、マグロ属（各二点・一五・四％）などが最も多く、他方でタイ科（マダイ・タイ科）やカツオなどは少量の出土にとどまっている。また土壌ごと取り上げて水洗選別した資料では、アジ科（ムロアジ属・型、マアジ型を含む）が一〇二点（二六・六％）と大量に出土している。次いでイワシ類（ニシン科）が七一点（一八・五％）、カタクチイワシ科四三点（一一・二％）となっている。またドジョウやボラ科、ソウダガツオ属、ハゼ科なども出土している。なお貝類は、ハマグリ、アサリ、ヤマトシジミが主体で、サザエ一個体とアワビの破片なども認められた。

表 ii－1　中等部遺跡から出土した哺乳類の骨

遺構名	区域	分類群	部位		数	備考
20号遺構	A 区	イノシシ	上顎骨	左	1	
		イノシシ	胸椎		1	
		イノシシ	肩甲骨	右	1	
		イノシシ	寛骨	左	1	
		同定不可	四肢骨		1	イノシシ or ニホンジカサイズ
		同定不可	脛骨		1	ネコ？
	C 区貝集中部	未同定	頭蓋骨		1	イノシシサイズ
	D 区	イノシシ	環椎		1	刀傷あり
		イノシシ	胸椎		1	
		ニホンジカ	下顎骨	右	1	
		ニホンジカ	大腿骨	左	1	
		同定不可	四肢骨		○	骨幹部分破片
43号遺構	A 区	ニホンジカ	中足骨	右	1	
		同定不可	四肢骨		2	イヌ？
		同定不可	肩甲骨	左	1	ニホンジカ？
46号遺構	焼土層	ヒト	下顎第3大臼歯		1	
48号遺構		イノシシ	胸椎		1	
		同定不可	四肢骨		1	イヌサイズ
近代20号遺構		イヌ	全身骨		79	
E3・E4グリッド		ニホンジカ	下顎骨	右	1	幼獣

つぎに哺乳類について概要をまとめたものが、表ii－1である。いわゆる「大ごみ穴」と考えられる近世二〇号遺構からは、シカ、イノシシの骨が出土した。鳥類についても、キジ科（ニワトリ・キジ科）の骨が少数認められているが、先述のように慶應義塾中等部遺跡での鳥類・哺乳類骨の出土量は、他の大名屋敷の遺跡と比べて、数量的に少ない傾向を示している。くわえて阿部によれば、シカの骨の部位は大腿骨や下顎骨、イノシシは上顎骨や胸椎、環椎、寛骨など「体幹とそれに連なる部位のみが出土している」という。つまりイノシシの骨の出土傾向は、可食部分を除いた部位である可能性が指摘でき、いわゆる解体作業後に不要となった部位を廃棄したものと評価している。

二　江戸詰武士の食生活

こうした出土した動物骨の内容は、いわば生活ごみの一部であり、当時の食生活を反映したものと評価することができる。先述したように、ここ三田屋敷は下屋敷であり、大名屋敷の格付けとしてみれば、下位の位置づけとなる。藩主の子息や隠居した当主が居住することがあったとしても、ここに居住していたのは、家臣団が主であったであったと考えられる。そうした意味では、魚介が主体の出土動物骨の様相からは、いわゆる勤番武士と呼ばれた、国元から当主に従って参府してきた下級武士の食物残滓のごみであったと考えることができよう。

例えば、先述の傾向を同じ大名屋敷のなかでも、加賀前田家上屋敷であった東京大学構内遺跡の理学部七号館地点（東京都文京区）と比較すると興味深い点が明らかとなる。秋元智也子によれば、理学部七号館地点では、タイ科（キダイ・マダイ・クロダイ・その他種名不明）が量的に多いとされるが、慶應義塾中等部遺跡では圧倒的に少ない。他方、水洗選別資料でもアジ科やカタクチイワシ、ニシン科は、理学部七号館地点ではあまり見られず、慶應中等部遺跡では多いという傾向が読み取れる。他の大名屋敷遺跡でも「タイ科」の骨は多数発掘されているが、鯛は当時でも高価で饗宴等に用いられる魚種でもあり、上屋敷と下屋敷という性格の差、とくに居住者の違いがこうした傾向に反映されている可能性が考えられる。

さて下屋敷に居住していた江戸詰の下級武士の食生活については、文献史学の研究成果として、残された日記類からも復元が試みられている。島村妙子は紀州徳川家の大番役であった酒井伴四郎の記した江戸詰「日記」と「小遣帳」をもとに、江戸詰生活の様子を復元している。島村によれば、江戸での食費は総支出の二〇％程度であるが、その内訳を見ると、外食（酒と鍋．蕎麦・寿司など）の比率が、約五六％を占めるという。とくに鍋の種類で最も多いのは、ドジョウ鍋、ついで鶏、煮肴、雁と続くが、そこに「ぶた」や「いのしし」といった獣肉鍋が登場するという点は興味深い。今回の発掘調査で認められたイノシシ骨も、そうした武士たちの獣肉食の一端を示すものともいえようか。

先述のようにイノシシ骨の出土傾向から、猪一頭が丸ごと搬入され、屋敷地内での解体処理が行われていた可能性があるという点は重要である。阿部によれば、二〇号遺構出土のイノシシの環骨には「刀傷」が認められるという。原田信男をはじめ歴史学で指摘されるように、近世当時は食べることはもとより、屠殺など獣を扱うことについては、基本的には禁忌であったことが知られている。それほど獣の扱いに対して神経質であった時代背景を考えるならば、獣肉の流通、消費は一般にどのように行われていたのであろうか。

三　都市江戸の獣肉流通と消費

そもそも近世において獣肉がどのように流通していたか、文献史料上でも十分に明らかになっているとはいいがたい。こと大名屋敷という特殊な空間ということを前提とすれば、ひとつには狩猟によって獲られたものである可能性も考えられるが、『徳川実記』や『会津藩家世記』などをみても、下賜や狩猟の事実は確認できず、獲物としての搬入は断定することができない。他方、四谷などに獣肉を売る店があったことは『江戸繁盛記』や『守貞漫稿』の記述などから知られており、原田信男によれば、その流通についても下野や常陸などから「猪鹿肉」が江戸の問屋に納められていたとされている。

こうした江戸での獣肉販売については、江戸時代に流行した川柳でも、その様子を垣間見ることができる。

小男鹿を不風雅にみる山奥屋（『柳多留』一三四）
五段目を蛇の目に包む山奥屋（『柳多留』九二）

一句目は、小男鹿（さおじか）を「不風雅」、つまり和歌に詠むような鹿を無粋にも食用として販《ひさ》ぐ店（山奥屋）があるということを詠んだもの。二句目は浄瑠璃『仮名手本忠臣蔵』の五段目、早野勘平が山崎街道で蛇の目傘を差した定九郎を猪と間違えて鉄砲で撃つ場面を踏まえて、壊れた傘の油紙（蛇の目）が獣肉（五段目＝猪）を包むために用いられていた、とされる獣店の様子を詠んだものと考えられる。

実は考古学的にも、こうした獣肉流通の実態と思われる事例が捉えられている。例えば現在、新宿歴史博物館が位置する三栄町遺跡（東京都新宿区・伊賀者組屋敷）では、イノシシの頭骸骨が四一点、シカの頭骸骨は三二点、カモシカの頭骸骨が七点で、四肢骨に至っては前・後肢骨をそれぞれ左右で一組と数えて、総計七二五組（最小個体数としては、イノシシ九七頭、シカ七四頭、カモシカ一一頭分）の骨が検出されている。頭骸骨に対して四肢骨の量が多いことから、一頭まるごとが持ち込まれたものではなく、解体作業を経たのちの可食部位となる四肢骨のみが単体で流通していた可能性を示唆している。

ここで再び、川柳に目を向けると次のような句がある。

麹町芝の屋敷へ丸で売れ　（『柳多留拾遺』十）

この句は、「麹町」つまり「猪」が「芝の屋敷」には「丸」すなわち一頭まるごとで売れるということを詠んだものである。この「芝の屋敷」とは島津家上屋敷のことで、いわゆる薩摩屋敷の江戸詰武士たちが、しばしば猪を丸のまま買っていたことがわかる。くわえて、おそらくは武士たちが自らの手で猪を解体し、食用としていたことを示唆していよう。

そうした実態は考古学的にも捉えられている。山根洋子によれば、港区芝三丁目一帯に位置していた芝新馬場屋敷と呼ばれ島津家中屋敷の発掘調査が実施され、この遺跡「薩摩鹿児島藩島津家屋敷跡遺跡」からは二〇〇〇点を超える多量の獣骨が出土したという。破片数にして一二一二点、最少個体数にして一四六体分のイノシシ・ブタの骨が出土したが、都市江戸の大名遺跡から出土した獣骨の量比で約六割を占めるのは極めて特異である。また出土骨の部位も四肢骨だけではなく、全身骨を含むものであり、これは「ブタ」や「イノシシ」が一頭分搬入されたことを示している。

実は島津家は「琉球豚」の肉を、将軍や諸大名への贈答品としていたことが知られている。例えば京都の藩邸に滞在していた小松帯刀《たてわき》から国元鹿児島の大久保一蔵（利通）に宛てた書簡の中では「一橋殿（慶喜）から三度豚肉を所望されたものの、手持ちがなくなり困っている」と、書き送っている。[*2] 幕末から明治の聞き書きを集めた篠田鉱造の『幕末百話』には、一五代将軍慶喜が「豚一様」（豚好きの一橋様）と江戸町民から呼ばれていたことが記されているが、そうした巷間の噂を裏

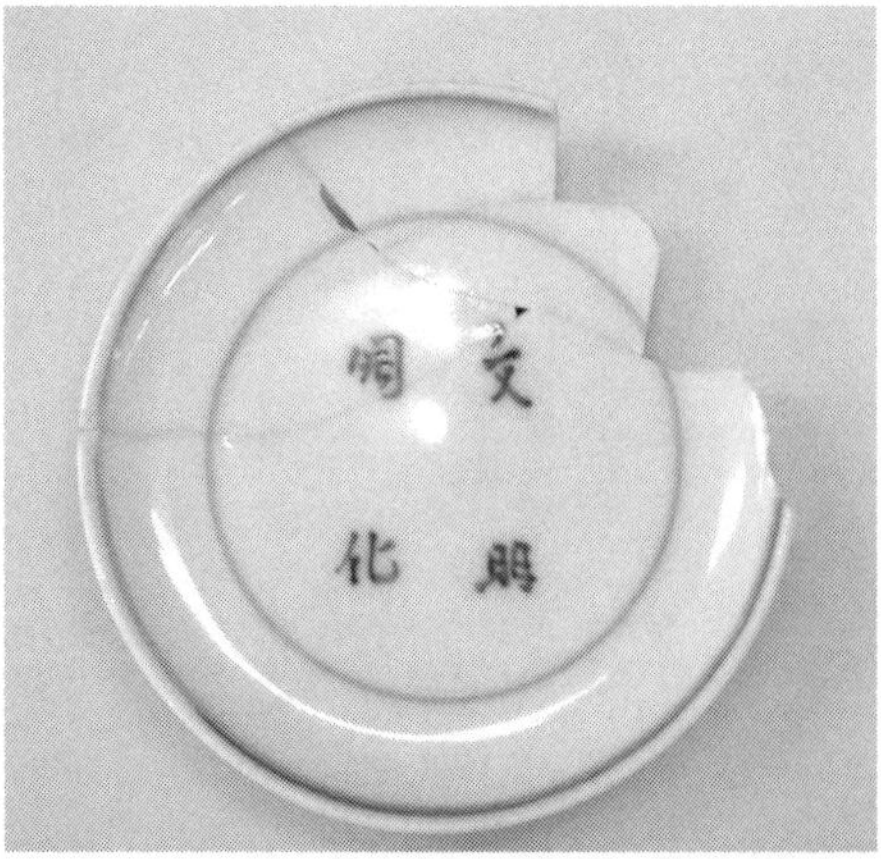

図 ⅱ -3　「文明開化」銘染付磁器小皿（瀬戸美濃系）
慶應義塾大学民族学考古学研究室蔵

付けるものといえよう。

いずれにせよ、幕末には将軍でさえブタを愛好するほど、肉食の禁忌が薄らいでいたということができ、先述した日記や遺跡出土の動物骨からも理解できるように、江戸詰武士たちが大いに獣肉食を楽しんでいたことがうかがわれる。今回の慶應義塾中等部遺跡（会津藩三田屋敷）の下級武士たちも、そうした獣肉食を好んでいたのであろうか。

おわりに

蛇足となるが、慶應中等部遺跡の近代遺構から「文明開化」と染付で書かれた磁器小皿（図ⅱ－3）が出土した。明治時代には会津松平家三田屋敷は田安徳川家の屋敷となったが、まさに『西洋事情　外篇』（一八六七年）で福澤諭吉が提唱した「文明開化」を象徴する遺物が出土したことは奇縁といえよう。ちなみに近代遺構からはニホンジカの下顎骨は出土したものの、他の獣骨は認められなかった。田安徳川家の人々が文明開化の象徴である「牛鍋」を食べていたのかどうか、知る由もない。

（付記）

本稿作成に当たっては、慶應義塾中等部遺跡の動物種の同定やその評価を担当した阿部常樹氏（國學院大學）の業績およびご教示によるところが大きい。記して感謝の意を表したい。

（註）

＊1　会津藩保科（松平）家屋敷跡遺跡の発掘調査報告書（参考文献参照）及び大名屋敷での食生活に関する拙稿を下敷きに、今回新たに書き起こしたものである。石神裕之「遺跡からみた近世大名屋敷の食生活」『Kewpie news』468、キユーピー株式会社、二〇一三年

＊2　「小松帯刀書翰（元治元［一八六四］年）」（玉里島津家蔵）には、「一橋公より豚肉度々御所望有之」とあり、そのあとの「最早三度迄御所望」という語気からも辟易した小松の思いがうかがわれる。港区立港郷土資料館編『江戸動物図鑑〜出会う・暮らす・愛でる〜』港区立港郷土資料館、二〇〇二年

（参考文献）

阿部常樹「会津藩保科（松平）家遺跡出土の動物遺体分析」慶應義塾大学民族学考古学研究室編『会津保科（松平）家屋敷跡遺跡―慶應義塾中等部新体育館・プール建設計画に伴う埋蔵文化財発掘調査報告書―』慶應義塾大学民族学考古学研究室、二〇一一年

秋元智也子「加賀藩上屋敷「御貸長屋」における食生活の一端」江戸遺跡研究会編『江戸の食文化』吉川弘文館、一九九二年

慶應義塾大学民族学考古学研究室編『会津保科（松平）家屋敷跡遺跡―慶應義塾中等部新体育館・プール建設計

画に伴う埋蔵文化財発掘調査報告書Ⅰ』慶應義塾大学民族学考古学研究室、二〇一一年
篠田鉱造『増補　幕末百話』岩波書店、一九九六年（万里閣、一九三九年初版）
島村妙子「幕末下級武士の生活の実態―紀州藩一下士の日記を分析して―」『史苑』三二―二、一九七二年
新宿区教育委員会編『三栄町遺跡』新宿区教育委員会、一九九一年
原田信男『歴史のなかの米と肉　食物と天皇・差別』平凡社、一九九三年
原田信男『江戸の食生活』岩波書店、二〇〇三年
山根洋子「近世江戸の鳥獣類利用―大名藩邸跡出土資料より―」『動物考古学』三〇、二〇一三年
山本成之助『川柳食物事典』牧野出版、一九八三年

第四章　鶴と鷹の江戸時代
――徳川将軍と「御鷹之鶴」

藤井典子

はじめに

鷹狩は訓練した鷹を放って鳥類や小動物を捕える狩猟で、洋の東西を問わず古くから行われてきた。日本においては、仁徳天皇が百舌鳥野《もずの》で多くの雉《きじ》を狩ったことが端緒といわれる。しかし、江戸時代の天皇は鷹狩を行っておらず、「御鷹」による狩は徳川将軍の権威を示すものとなった。その獲物は鶴をはじめ白鳥、鴨、雁、雉などであった。なかでも、将軍の「御鷹」が捕らえた鶴は「御鷹之鶴」と呼ばれ、天皇へ献上されたり、有力大名に下賜されたりした。鷹と鶴を頂点とする鳥たちは、贈答儀礼の対象として政治的色彩を帯びた存在であった。

徳川将軍自ら鶴を狩ることは「鶴御成《つるおなり》」と呼ばれた。初代将軍家康に始まり、生類憐み政策がとられた時期を除き、一四代将軍徳川家茂による文久三（一八六三）年一月のお成りまで行われた。

現代人の私たちには、江戸城（現在の皇居）からさほど遠くない場所に鶴が飛来し、将軍がそれを狩る光景はなかなか想像がつかない。だが、江戸時代には鶴が生息できるような環境がたしかにあった。これは、江戸の徳川将軍と京の天皇、各地に領地をもつ諸大名をつなぐ「使い」となる鳥たちが生息できるように、政治システムの一環として整備されていたためである。言い換えれば、明治維新後、鶴や鷹が東京に生息しなくなったのも、こうした鳥たちが徳川将軍のもとで担っていた役割が終焉したことと無関係ではない。

家康や吉宗が鷹狩好きであったことはよく知られ、こうした点についての研究は極めて多い。一方、その終焉期についてはわかっていないことが少なくない。江戸と京の政治的な力関係の変化の中で、「御鷹」によって狩られた鳥たちは、どのような位置づけとなっていったのだろうか。

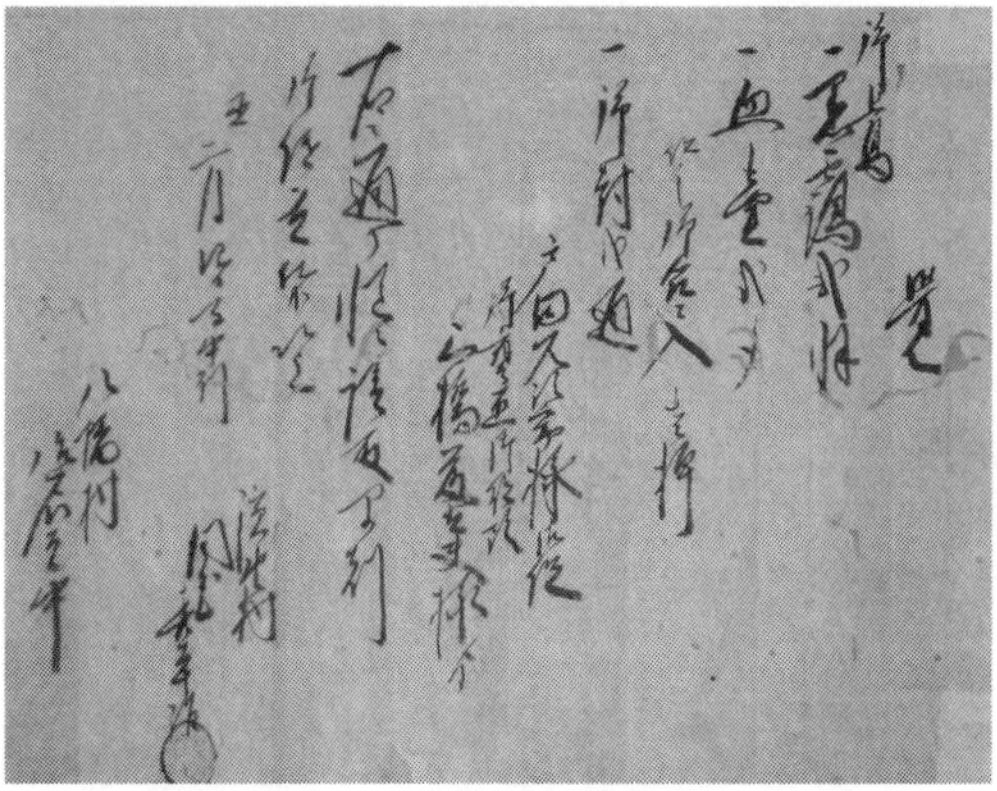

図4－1　（元治２年２月）覚（御上鳥黒鶴二羽他継立に付）
慶應義塾大学文学部古文書室蔵

慶應義塾大学文学部古文書室（以下、慶應大学古文書室と記す）が主催する二〇二三年の企画展において、元治二（一八六五）年二月に作成された一枚の古文書（図４－１）を出品した。その古文書には、現在の千葉県市原市周辺で捕えられた「黒鶴」二羽がその血を入れた壺とともに江戸城に向けて運ばれたことが記されている。徳川将軍による「鶴御成」が途絶えた後、なぜ、黒鶴を狩って江戸へ運んだのか。また、丹頂鶴でなく「黒鶴（ナベツル）」であることにどのような意味があるのか。今日、鹿児島県出水《いずみ》市に飛来して越冬することで知られるナベツルが、江戸時代には千葉周辺に生息していたことにも興味をそそられた。

そこで、本章では、幕末期に狩られた「黒鶴」の記事を取っ掛かりとして、徳川将軍による御鷹狩の終焉期の史料もひもとき、鶴をはじめとする鳥たちが果たした役割とそれを支えた生き物たちの姿から、徳川将軍・天皇・諸大名をめぐる政治的関係の変化の一端を提示できればと思う。

一　徳川将軍の「鶴御成」

鶴が飛来・生息した江戸近郊

はじめにで言及した「黒鶴」に関する古文書をひもとくに先立ち、御鷹狩とその獲物となった鶴について、各種の研究成果をもとに簡単に触れておく。「鶴は千年、亀は万年」といわれるように、日本では鶴は長寿の代名詞となる瑞鳥として人々に愛され、江戸時代の絵師たちは丹頂鶴の美しい姿を好んで描いた。浮世絵師・歌川広重（初代）が安政四（一八五七）年に描いた『名所江戸百景蓑輪金杉三河しま』（口絵⑦）からわかることは、江戸湾岸に鶴が飛来していたことである。

この錦絵に描かれた場所は、現在の東京都荒川区ＪＲ三河島駅周辺である。この絵には二羽の丹頂鶴が描かれている。羽根を広げて舞い降りようとする一羽と水辺に棲む一羽。そして、少し離れたところに一人の男の姿が小さく見える。

鶴が生息する水辺の田んぼには、餌付けして飼育する綱指役《つなさしやく》がいた。広重の絵は、江戸近郊の豊かな自然環境を示すものであるが、餌付けしてまで鶴を大事に生かしていた状況も映し出している。江戸湾岸の水辺は、将軍による「鶴御成」の場となっていた。

徳川将軍のもとで最高位の鳥となった鶴と鷹

なぜ、鶴が大事に飼育され、将軍がそれを自らの「御鷹」で狩ったのか。その理由の一つは、京における「鶴包丁」という正月の儀式に向けて鶴を天皇に献上することが恒例となっていたことである。鶴はその姿が美しく、長寿の象徴として人々によって寿がれてきたが、狩によって命を奪われた後に、徳川将軍・天皇・諸大名の間でやりとりされる贈答品としての特別な役割を担う存在であった。贈られた鶴は饗応の膳にのせられて食された。

広重が描いた鶴は丹頂鶴であるが、江戸時代の古文書や和本には「黒鶴」と称される鶴がしばしば登場する。灰色がかった羽根の色は華やかではないが珍重された。東京都大田区には黒鶴稲荷神社がある。この地で黒鶴を捕らえて三代将軍徳川家光に献上したことが社号の由来とされる。はじめにで触れたとおり、元治二年二月の古文書に記された鶴も黒鶴である。

そもそも、鷹狩の対象として重視された鳥は時代により変化した。鶴が鷹狩の獲物として最高位のものとなったのは、豊臣秀吉の治世の頃からである。『日本書紀』に登場する仁徳天皇が狩った鳥は雉であった。食用とされた鳥について、『徒然草』では「魚は鯉、鳥は雉」と記される。一五世紀半ばの『四條流包丁書』では「鳥とばかりは雉の事也」とある。

年代が下るにつれ、天皇や公家などの間では白鳥が好まれ、これを包丁でさばく儀式も行われていた。やがて、天下統一に向けて動いた織田信長は、鷹狩で得た大量の雁・鴨・鶴などを天皇に献上するようになったが、鶴が主役となったのは関白に叙任された豊臣秀吉からである。

秀吉が献上した鶴は御所清涼殿の前庭でさばかれた。この儀式は「鶴包丁」と呼ばれ、その儀式の後、宮家・公家らに鶴料理が振舞われた。徳川家康も秀吉と同様に鶴を天皇へ献上した。「鶴包丁」の儀式が恒例となるなかで、鶴は天皇と天下人の間を取り持つ特別な鳥としての位置を獲得していった。

一方、鶴を捕える鷹についていえば、禁中並公家諸法度が制定される動きの中で、公家による鷹の飼育や所持が禁じられた。「御」という文字は権力者と密接に関わる事柄に付されるが、江戸時代においては、徳川将軍が所持する鷹が「御鷹」と称された。

ところで、「御鷹」は江戸にもともと生息していたかというと、そうではない。鷹の生息地を領有する諸大名や朝鮮通信使から将軍家へ献上されたものを、幕府お抱えの御鷹匠が飼育・調教することで「御鷹」となった。鷹は自らよりも大型の獲物をとらない習性があるため、鶴や白鳥を狩ることができるように調教するには熟練の技術を要した。なかでも、鶴はくちばしや脚の力が強く、調教された鷹でも狩ることができるものは多くなかった。鶴を捕獲できる優秀な鷹は「鶴取之鷹」として大事にされた。訓練された「御鷹」でも容易に捕えられない鶴は特別な鳥であった。

「御鷹」によって狩られた鶴・鴨・雁・雲雀《ひばり》などが政治的儀礼に用いられたことは、これらの数え方にも表れている。古文書では数量の単位に儀礼的な用途があらわれることがある。貨幣がその一つの例で、儀礼・贈答用の大判や白銀は「枚」という単位で、金貨は「疋《ひき》」という単位で記される。鳥についていえば、通常、「一羽・二羽」と数えられるが、贈答儀礼の対象として授受された場合には、「鶴一双」とか「雁壱ツ」「雁弐ツ」といった単位で表記がなされていることが多い。

鳥による諸大名の格付け

ところで、鶴が儀礼上最高位にあったことは、その贈られる先が極めて限定的であったことにも表れている。天皇のほかに、将軍から鶴を贈られたのは、御三家と加賀藩などの有力大名に限られた。雁や鴨は老中や若年寄、奏社番など幕府の重要な役職を勤める譜代大名へ、雲雀はそれ以外の大名に下賜された。

それでも二六〇余の大名すべてが将軍から「御鷹之鳥」の拝領を受けられたわけではなく、一部に限られた。「御鷹之鳥」を拝領した大名は、「御鳥」をさばいて家臣に振舞った。こうした振舞いは、「藩主を中心とする類縁のものの集まりの場となっても、将軍不在の席で将軍を感じながら自己の位置を確認する」（大友一雄「近世の御振舞いの構造と「御鷹之鳥」概念」）機会となっていたと解されている。

幕朝関係と鶴

徳川将軍が大名に下賜したり、天皇へ献上した鶴は「御鷹之鶴」と呼ばれた。一方、天皇は献上された鶴に「御」をつけて呼ぶことはなく、単に「鷹之鶴」と称した。幕末期の幕臣の日記のなかに、「鷹はもとより朝廷よりお預かりの物」といった記述があると根崎光男氏は指摘している。幕府関係者にとって、「御鷹」が捕えた鶴を天皇に献上する行為が中断したり、停止するような事態は、幕朝関係維持にとって微妙なシグナルになりかねないと、留意されていた面があったのではなかろうか。

そうした点は、五代将軍徳川綱吉が生類憐み令を実施した際にも、御鷹狩の停止時期がやや遅れ、鶴を飼育する動きをとったことにも表れている。綱吉は、元禄元（一六八八）年に御鷹部屋を廃止し、飼育されていた「御鷹」を武蔵国入間・高麗《こま》や川越の山中に放った。これに対し、鶴については飼育する措置がとられた。幕府は貞享三（一六八六）年と同四（一六八七）年に、小石川の田んぼへ飼育していた鶴を放し、野生の鶴をおびき寄せることとした。こうして鶴が居ついた場所は「鶴場（放鶴場）」と呼ばれるようになり、役人の管理のもとで鶴の保護と増殖が図られた。

「鶴御成」は八代将軍徳川吉宗によって再興され、天皇への鶴の献上も行われた。享保九（一七二四）年十月二十三日に近衛家で行われた茶会で供された料理の献立は、「御汁、鶴、ツルノスヂ、アオミセリ、眞キザミ大根、一位様ヨリ進上、公方様《くぼうさま》御コブシノ鳥なり（傍線は筆者による）」（近衛家熙『槐記』）と記される。このように、将軍（公方様）自らの拳《こぶし》から放たれた御鷹が捕えた鶴は、京の天皇・公家たちの交流の場にも寄与していた。

二　幕末の「御鷹匠」が捕獲した「黒鶴」

江戸へ運ばれた黒鶴

「はじめに」で触れたとおり、慶應義塾大学古文書室には、元治二（一八六五）年二月四日と五日の二回に分けて、黒鶴二羽ずつ（計四羽）を幕府の御鷹匠から預かり、江戸へ運んだことを示す古文書が所蔵されている。そのうちの一点（一一一ページ図4－1）を書き下すと以下の通りである。

覚

御上鳥《おかみどり》

一、黒鶴弐羽

一、血壺弐ツ
但、御合《みあわせ》に入れ壱棹《ひとさお》
一、御封弐通
戸田久次郎様御従
御鷹匠御組頭　三橋藤太夫様より
右の通り、慥《たしか》に請取《うけとり》、早刻継立《つぎたて》仕《つかまつり》候、以上
丑二月四日馬中刻
濱野村
問屋　喜平治㊞
八幡村　御名主中

（慶應義塾大学古文書室蔵「覚（御上鳥黒鶴二羽継立に付）」）

この古文書は、上総国下浜野郡（現在の千葉県千葉市）の問屋喜久治が、御鷹匠頭戸田久次郎配下の御鷹匠組頭三橋藤太夫から黒鶴二羽とその血を入れた壺二つを預かり、即座に輸送する旨、市原郡八幡村（現在の千葉県市原市八幡周辺）の名主あてに知らせた覚書である。「継立」という文言は、黒鶴が捕えられた八幡《はちまん》村から村々でリレーのようにして目的地へ運ぶ経路に浜野村が位置したことを示している。向かう方向は江戸である。「壱棹《ひとさお》」と記されていることから、長持に入れて大切に運んだとみられる。

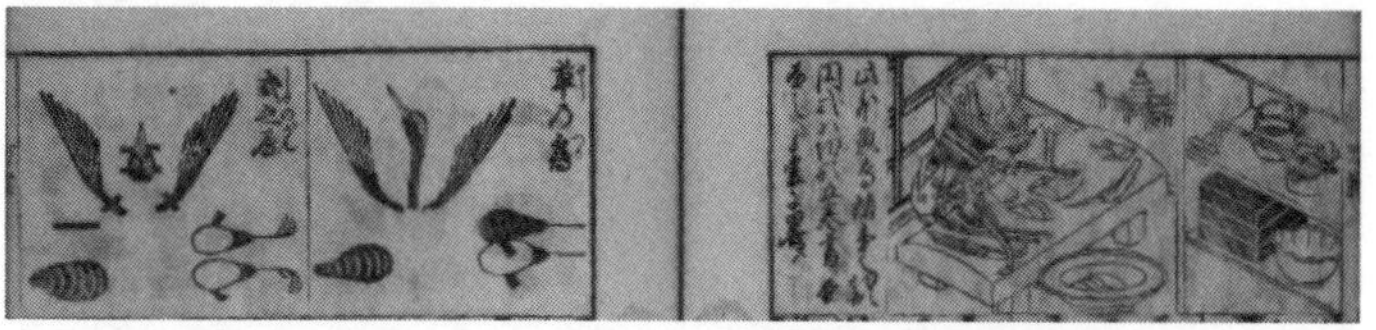

図4－2　『当流節用料理大全』（早稲田大学図書館蔵）より挿絵の部分

房総方面で「鶴御成」がなされたのは船橋から東金村にかけての地域であるが、この古文書に記された八幡村は将軍による「鶴御成」の場所ではない。将軍が拳にのせた「御鷹」で鷹狩をする場は「御拳場《おこぶしば》」と呼ばれ、江戸の五里四方に設定されていたが、八幡村は江戸から十里四方に設定された「御捉飼場《おとらえかいば》」の一部で、御鷹匠が「御鷹」の訓練する場所であった。将軍による「鶴御成」が文久三（一八六三）年に途絶えた後も御鷹匠たちが活動を続けていたことが窺い知れる。

なぜ二羽がセットで運ばれたのか。『続徳川実紀』の記述における「御鷹之鶴」下賜の記事や、明治維新後に旧岡山藩主池田章政親子が天皇へ鶴を献納したことを記す『太政類典』の記述では、「鶴一双《いっそう》」という文言が見られる。

「一双」とは対になる二羽を意味する。「双鶴紋《そうかくもん》」は二羽の鶴を向かい合わせに置く吉祥文様として古くから用いられてきた。鶴二羽を対で贈ることは縁起が良いものであったのだろう。

「御上鳥」とその供され方

三橋藤太夫が捕えた黒鶴について、この古文書では「御上鳥」と記している。「御上鳥」とは、江戸城に運ばれた鳥のことを指す。

鶴は伝統の作法にのっとってさばかれ、料理されるのが常であった。図4－2はそうした料理の作法の一端を示した『当流節用料理大全』の挿絵である。鶴の頭、羽根、脚など、作法通りに切り分けられている。この作法に従うには、御鷹によって捕獲された鶴が、羽根も脚もついたままの姿で江戸城まで輸送される必要があった。

「御上鳥」は城内の食膳に供されたり、将軍から諸大名へ下賜する際などに用いられた。江戸城でのニーズは年間およそ五千羽に上ったといわれる。御鷹匠らは「御捉飼場」に出向いて狩をすることで、こうしたニーズに必要な鳥を確保していた。

「御鷹」が捕えた黒鶴は、傷みを防ぐべく鷹匠がすぐに腹を割いて内臓を取り出し、割いた腹に塩をつめて縫い合わせて封をした。将軍の「鶴御成」では、捕えた鶴の血を酒に入れて供の者へ振舞い、共に飲むことで長寿を願うのが通例であった。鶴を塩に漬けて肉の防腐処理を施した「塩鶴」にすれば遠方に運ぶことも可能である。江戸城に運ばれた黒鶴がどのような形で誰に供されたかは、残念ながら現段階では特定できないが、「血壺弐ツ」が運ばれている点では、血酒を振舞う機会があったようだ。

第五節で述べるが、文久二（一八六二）年を最後に将軍から大名への諸鳥の下賜はなされなくなっていた（一三二ページ）。元治二年二月の時点で「御上鳥」の黒鶴を贈る先があるとすれば、京の天皇周辺が想定される。

ちなみに、黒鶴が江戸に運ばれた二月五日には、兵三千人余を連れた老中本庄宗秀らが京に到着している。将軍家茂の上洛と攘夷決行を幕府に求めてきた朝廷との間での交渉が目的であった。一つの仮説であるが、幕朝関係の政治的緊張が高まる時節に、調整の円滑さを期した幕府関係者が黒鶴を京へ運び、キーパーソンに贈ったとも推測しうるのではなかろうか。

三　鶴をさばく儀式と饗応

黒鶴はおいしい

では、なぜ錦絵に描かれるような美しい丹頂鶴ではなく、やや地味な姿の黒鶴が江戸に運ばれたのだろうか。丹頂鶴が得られなかった代わりだったのだろうか。

鶴にはいくつかの種類があり、味の良さにも違いがあった。明和八（一七七一）年の鶴包丁を目前にして、「いつもの鶴が調達できない」、「かわりに丹頂鶴でも構わないか」ということが話題になったことがあった。その際「丹頂鶴は縁起がよい」という理由でよしとされた（西村慎太郎『宮中のシェフ、鶴をさばく』）。つまり、通常は丹頂鶴以外の種類の鶴を用いていたというわけだ。元禄十（一六九七）年に人見必大《ひとみひつだい》が著した『本朝食鑑』では四種類の鶴について述べている。そのなかで、丹頂鶴については、肉が硬く味がよくないため食べる者はほとんどいなかったと説明されて

図4－3　『商売往来絵字引』（早稲田大学図書館蔵）より「鶴」の項

いる。これに対し、真鶴《まなづる》は全体に灰白色で、味は極めてよいとされる。黒鶴は首のあたりの白い部分を除けば全体に黒っぽく、鶴の中でも最も美味で血の香もよいとされる。白鶴は頬のあたりが赤いが全体に白色で薬用であった。このように、食材として最も評価が高かったのは黒鶴であった。

『本朝食鑑』の説明によれば、鶴は肉だけでなく血や骨にも効能があると考えられていた。他の鳥の血が生臭いのと違い、鶴の血には香りがあり、温酒に入れるとよいとされる。また、鶴の骨に塩をつけて焼いて粉末にしたものは婦人病や切り傷に効いたと記される。こうした効能に科学的な根拠があったかどうか定かでないが、当時の人々にとって、鶴は健康にも良いものと認識されていたことは確かだ。

ちなみに、現在の生物学的な分類では、真鶴はマナツル、黒鶴はナベツル、白鶴はソデクロツルであると考えられている。江戸時代にはマナツル・ナベツルが各地に飛来したことが地域に残る様々な古文書の調査からわかっている。

国立国会図書館が所蔵する『御鷹野図巻』のなかでは、口絵⑧にみられるように、鷹に捕らえられた白い丹頂鶴のほかに、空に逃れていく黒っぽい羽根と体つきの鶴が二羽描かれている。また、幕末期に子どもたちが読み書きを寺子屋で学んだ教本『商売往来絵字引』（狭川半水校訂、長谷川貞信画）をみると、「鶴」という文字を学ぶにあたって、丹頂鶴とともに「俗になべつると言う」といった解説付きの灰色っぽい鶴の図版が刷られている（図4－3参照）。「なべつる」は、その当時の子どもたちに教える対象にもなるような、比較的身近な鶴だったようだ。

饗応の食材となった鳥たち

では、鶴だけが饗応の食材だったのだろうか。鶴をはじめ、さまざまな鳥が食材であったことは、寛永二十（一六四三）年刊行の『料理物語』から窺い知れる。

この『料理物語』のなかには、食用とされた鶴・白鳥・雁・鴨・雉・山鳥・鷭《ばん》・五位鷺《ごいさぎ》・鶉・雲雀・鳩・鴫《しぎ》・雀などの料理名が記される。図4－2に挿絵を示した『当流節用料理大全』（正徳四〈一七一四〉年刊行、四条家高島氏編）でも、各種の鳥料理が挙げられている。

表4－1は、『当流節用料理大全』のなかから、食材となった鳥とその料理の例を整理したものである。このうち、鶴料理の主だったものを菅豊氏の著書（『鷹将軍と鶴の味噌汁江戸の鳥の美食学』）の解説をもとに列挙すると以下のとおりで、汁にして食すことが多かったようである。

・鶴の汁……出汁に骨を入れて煎じ味噌を加えて仕立てる。すまし汁にもする。
・船場《せんば》……鶴といっしょに大根や昆布を入れて煮込んだ塩味のすまし汁に「たまり」を少し入

表4－1　『当流節用料理大全』にみる鳥とその料理名

鶴	汁、せんば、酒びて、ももげ、すひ物、わた、ほねくろ塩　等
白鳥	汁、いり鳥、ゆで鳥、くしやき、酒びて　等
鴨	汁、ほねぬき、煎鳥、生皮、さし身、なます、こくせう（黒醤）、くしやき、酒びて
雁	汁、ゆで鳥、煎鳥、かわいり、生皮、さし身、なます、串焼、せんば、酒びて　等
雉子	青がち、山かけ、なます、せんば、こくせう、丸やき、ひしお（醤）いり、さしみ、せんば、こくせう、丸やき、くしやき、はぶ酒、つかみ酒　等
山鳥	汁、焼き鳥、その他雉子と同様
鶴	汁、焼き鳥、いり鳥　等
鷺	汁、焼き鳥、山椒味噌
五位鷺	汁、いり鳥、くしやき
鶉	汁、くしやき、煎鳥、こくせう、せんば、ほねぬき、かせぢあへ
ひばり	汁、ころばし、せんば、こくせう、串やき、たたき
鳩	ゆで鳥、丸やき、酒、せんば、こくせう
くいな	ころはかし、汁、くしやき
鵯	汁、ころはかし、やきて、こくせう
雀	汁、ころはかし（他の小鳥は雀と同じ）
鶏	汁、煎鳥、さしみ、めし、卵ふわふわ、ふのやき、みの煮、丸煎、かまぼこ、そうめん、練り酒

れたもの。煮物の一種。

・酒びて……塩具合のよい鶴を選び塩を加えた酒に浸した料理。刺身の一種。

・ももげ・わたの吸い物……鶴の内臓の吸い物。

表4－1に整理したように、鶴とともに白鳥が食材の筆頭格にあがっている。先に述べたとおり、中世においては鶴よりも白鳥が饗応の主役であった。白鳥は古来から瑞鳥とされ、神聖視されてきた。ヤマトタケルが死して白鳥に化身したと『古事記』『日本書紀』の神話に登場する。その神秘性ゆえに、その肉にも特別な力があるとされたのだろう。永禄十一（一五六八）年に朝倉義景が足利義昭を一条谷に饗応した際、「御汁白鳥」でもてなした。宮中の女房が記した『御湯殿上日《おゆどのうえにっ》

記《き》』の永禄十二（一五六九）年一月二十二日の項では、白鳥をさばく儀式「鵠《くぐい》包丁」が行われたことが記される。

鶴も神秘的な力の面では白鳥に勝るとも劣らない。古代中国から長寿の象徴とされ、仙人の乗り物といわれてきた。中世後期まで饗応の主役であった白鳥が鶴に取って代わられるのは、前述のとおり関白に叙任された豊臣秀吉が天正十五（一五八七）年に天皇へ鶴を献上したことを契機とした。『御湯殿上日記』の同年正月十七日の項には、清涼殿の前庭において御厨子所《みずしどころ》を担う高橋家の者が「鶴包丁」の儀式を行い、その褒美として太刀が下賜されたことが記される。儀式の後、伏見宮・梶井宮そのほか公家が参上し、天皇が舞を観覧する際の膳として鶴料理が振舞われた。

この「鶴包丁」の儀式は、江戸時代に入った後も、毎年正月十七日（のちに正月十九日）に実施された。吉祥・長寿の象徴ともいえる鶴の力を得ることを願い、京の御所だけでなく、江戸城内においても鶴がさばかれ料理された。

四　「鷹と鶴」を支えた生き物

将軍の鷹と生餌となった生き物

徳川将軍が江戸近郊で鷹狩りを行い、捕らえた鶴などが贈答・饗応の対象とできたのは、獲物となる鳥たちが生息できる環境とそれを支える人たちの存在によるものであった。以下では、どのような生き物や人が、鷹や鶴などを支えていたかについて、述べていこう。

まず、鷹は米沢藩の上杉家や仙台藩の伊達家など、生息地を領有する大名が献上した。『武鑑』には、毎年諸大名から将軍へ献上された品々が記される。

すべての献上品が記されているとは限らないが、鷹の献上が慶応期まで続けられており、『慶応武鑑』では七家から鷹が献上されたことが記される。

また、幕府は大名から献上を受けるだけでなく、鷹の巣がある各地の山を「御巣鷹山《おすたかやま》」に指定して直轄管理し、そこから巣鷹を得ることもあった。高麗鷹《こうらい》で知られる朝鮮からは、将軍代替わりを慶賀する朝鮮通信使の機会に鷹が献上された。こうして各地から得た鷹を御鷹匠が飼育・訓練した。

肉食の鷹の飼育には生餌が不可欠であった。鷹の旺盛な食欲を満たす生餌の調達は重要であった。五代将軍徳川綱吉による生類憐み令が出されるまでは、犬が生餌とされることもあった。江戸近郊の村々には生餌となる犬の上納が賦課された。慶應大学古文書室が所蔵する武蔵国豊島郡角筈村(現在の東京都新宿駅一帯)の史料群に、天和二(一六八二)年八月付で「銀七拾七匁八分也　右は酉之年分御鷹餌犬に請取申候」と記される受取書が見出せる。これは御鷹の生餌となる犬に代えて、角筈村から貨幣が上納されたことを示すものである。

金一両を銀六〇匁の相場で換算すると、上納された額は金一両一分を超える。こうした受取書が複数枚綴られており、「御鷹餌犬」の上納負担が村にとって楽なものでなかったことを物語っている。

この受取書が作成された年は徳川綱吉が将軍になって二年目にあたる。淡々と受取金額を記した事務的な書面からは、犬を生餌とする扱いを特に忌避するような様子は感じられない。生類憐み令が出されるきっかけが綱吉の子・徳松が天和三（一六八三）年に五歳で病死したことにあり、それ以後、綱吉の思考に生類憐れみの観念が助長されていったとの説が従来とられてきた。生類憐みの諸施策がとられる前の江戸の人々の間では、「犬食い」の習慣さえもあったといわれる。こうした状況も犬を生餌として扱う背景にあったと考えられる。

綱吉による生類憐み令の影響は、八代将軍徳川吉宗による御鷹狩復活の後も、犬が生餌とされなくなったことに表れている。吉宗の治世以後、「御鷹」の主な生餌とされたのは小鳥や虫であった。しかし、こうした小さな生き物を餌にするにはかなりの数量の確保が必要であった。

朝鮮通信使が徳川将軍に献上する鷹を江戸まで運んだ際の記録（『正徳元年宗家記録』慶應義塾図書館蔵）では、鷹一居《おり》（一羽）が一日に必要とする生餌の数量が、「雀にては十二羽、鶉にては三羽、鳩にては一羽半」であったと記される。前述のとおり、贈答儀礼の対象となった鳥には、鶴・白鳥・雁・鴨・雲雀といった格付けがあったわけだが、鷹の生餌となる雀・鶉・鳩は同じ鳥であっても番外であった。

雑司ヶ谷と千駄木にある御鷹部屋では、各々数十居の「御鷹」が飼育されていた。仮に御鷹一〇〇居が飼育されていたとすると、一年（太陰暦で約三五四日）に生餌として必要な鳥の数は、雀なら約四二万五〇〇〇羽、鶉なら約一〇万六二〇〇羽、鳩なら約五万三〇〇〇羽と計算される。こうした鳥の捕獲は、当初、御鷹匠に属する餌差役が担っていたが、享保十（一七二五）年以降、江戸の鳥問屋による請負制とされた。その請負いに際し、金一両で雀三〇〇羽を捕獲することが条件とされた。公定金銭相場（金一両＝銭四〇〇〇文）で換算すると雀一羽は約一三文である。御鷹が鶴を捕獲した際に御鷹匠に与えられた褒美が金五両（公定金銭相場で二万文に相当）であったことと比べると、雀一羽の価値は鶴一羽の一五〇〇分の一にも満たない。二八そばが一杯一六文という相場観から言っても、雀は安い鳥であった。

また、雀や鶉、鳩といった鳥だけでなく、「けら虫」と呼ばれる虫などを餌とすることもあった。こうした虫の上納は石高に応じて御鷹場周辺の村々の百姓に賦課された。「けら虫」は体長三センチほどのコオロギの仲間で、「手のひらを太陽に」という歌の中に登場する「おけら」である。「けら虫」は田のあぜ道など水気のある土の中で生息していた。百姓らは夜にあかりをつけながら、「けら虫」が出てきたところをつかまえて名主へ持参した。生餌なので、小さすぎては餌にならないが、けら虫は土用をすぎて三〇日余でなければ大きくならなかった。暑い盛りの時の夜に、明かりをつけてぬかるんだ田畑でおけらを探す作業には苦労が伴った（『目黒区史』）。「けら虫上納」の免除を角筈村の名主が願い出た古文書が慶應大学古文書室に所蔵されており、百姓たちの苦労の一端を伝えている。

獲物となる鳥たちの保護・飼育

将軍の御鷹場は「御留場《おとめば》」と呼ばれる。これは一般の者が狩猟や漁を禁じられた場所であることを意味する。そこでは鳥の生息を脅かす行為が一切禁じられた。たとえば、百姓が案山子《かかし》を立てることや犬を飼うことのほか、花火や新規家作も禁じられた。

ただし、「御留場」においてあらゆる鳥が保護されたわけではなく、駆除された鳥もいた。たとえば、烏や鳶《とび》、鵜《う》は巣の取り払いが命じられた。これらの鳥が鷹狩の獲物となる大切な鳥の卵を食い荒らしてしまうのが理由であった。

このように、「御鷹狩」の獲物となる鳥たちが「御成御用」を果たせるように、さまざまな保護措置がとられていた。

綱差役の役割

また、「御鷹狩」の実施時に、鳥たちは野生の状態のままで狩られたわけではなかった。鳥の種類ごとに飼付場が江戸近郊にいくつも設けられ、鳥の習性等に熟知した専門家（綱差役）が飼育したうえで、将軍の「御鷹狩」のタイミングにあわせて移送された。

たとえば、綱差役は飛来した鶴の中から狙いをつけて餌付けした。毎日世話をするうちに、鶴の脚に金具をはめて飼紐を通せるように荷附した。そうすることで、綱差役が鶴を引き回したり川を飛び越えさせたりするなど、自由に操ることができた。このように念を入れて飼いならされた鶴は、将軍の御成刻限にあわせて御鷹場に移された。そのために、鶴の移動経路や寄せ方の予行演習も行われた（目黒区教育委員会編『綱差役川井家文書』解説）。「御鷹狩」の獲物としての「御成御用」に役立つように飼いならされたことにより、「御鷹」は見事に将軍の前で鶴を獲ることができたのである。

ちなみに、餌付けされていたのは鶴に限られたわけではない。白鳥も餌付けされた。吉宗の治世のころまでは、それ以外の鳥はそれなりに生息していたようだが、一八世紀半ばごろには雁・鴨なども飼育をしておかないと支障をきたすようになった。夏の「御鷹狩」の対象となった鷭も飼育の対象となった。自由に堀で泳いでいるようにみえる鷭も、狩られる「御成御用」のために監視されていたのである。

五　鷹と鶴の幕末

幕末期の御鷹匠頭戸田久次郎

第二節に挙げた「覚」の解読文をもとに、元治二年に黒鶴を八幡村で捕獲し、江戸城へ送った関係者の名前を改めて確認してみよう。古文書には、「戸田久次郎様御従御鷹匠御組頭三橋藤太夫」と記される。

「御鷹」の訓練を担う御鷹匠は高い専門性をもって幕府に仕える百俵二〜三人扶持程度の御家人であった。三橋藤太夫のような御鷹匠組頭で役高二五〇俵ぐらいの小禄である。だが、将軍に御目見《おめみえ》することができる立場であった。

御鷹匠頭は若年寄の配下にある旗本で、江戸時代の中期以降、戸田氏と内山氏の二家が世襲した。戸田氏は幕末を宇都宮藩主で迎える譜代大名戸田家の同族で、二代将軍徳川秀忠および三代将軍徳川家光に御鷹匠頭として仕えた戸田貞吉を祖とし、禄高は一五〇〇石であった。戸田氏と内山氏は、それぞれ千駄木と雑司ヶ谷に御鷹部屋を持ち、各々数十居を越える御鷹を飼育していた。しかし、安政二（一八五五）年に起こった安政大地震の後、彼らが御捉飼場へ派遣される回数は減少気味で、安政四（一八五七）年に内山氏は転任を命じられた。慶應大学古文書室に所蔵される古文書は、戸田久次郎だけが御鷹匠頭であった御鷹匠制度末期のものである。

文久三（一八六三）年一月を最後に将軍による「鶴御成」は途絶えていたが、現場を担う戸田久次郎配下の御鷹匠たちは、元治二（一八六五）年二月の時点で、御鷹の飼育場を整えて訓練を行い、御捉飼場で捕獲した鶴や諸鳥を江戸城に届ける活動を続けていた。村々に指示して江戸城へ黒鶴を運ぶ手配をしている姿からは、御鷹を巡るシステムの維持に励んでいるかのようにも感じられる。

「御鷹之鳥」最後の下賜

しかしながら、この古文書が作成された頃には、すでに「御鷹之鳥」を諸大名に下賜するシステムは揺らぎ始めていた。前述のとおり、文久二（一八六二）年、幕府は諸鳥の下賜を今後行わない旨を達した。諸鳥が下賜された最後の年にどのような鳥がいかなる大名に下賜されたのか。『続徳川実紀』の記事によれば、この年の正月から三月にかけて、「御鷹之鶴」が二〇家へ、「御鷹之雁」が七四家に下賜されている。『続徳川実紀』に鳥の下賜がすべて記述されているかどうかは定かでないが、前年に比べ、御鷹之雁の下賜先が約四倍、雁の数では約六倍へ大きく増加していることが注目される。最後の下賜の機会ということでの手厚さもあったやもしれないが、尊王攘夷の動きや、条約勅許をめぐる調整など、幕府と朝廷の間の政治的力関係に変化が生じている時期にあって、諸大名との間の関係性を維持しようとする幕府の意図さえも感じられる。

「御鷹之鶴」の下賜先は御三家のほか、加賀中納言などの有力大名、中津藩主奥平大膳大夫や小田原藩主大久保加賀守のような由緒ある譜代大名が対象とされている。一一代将軍徳川家斉の五男で人望が篤かったといわれる津山藩主徳川確堂や幕政参与の松平春嶽、徳川斉昭の実子で幕府と朝廷の間の周旋に奔走した鳥取藩の松平因幡守、伊勢神宮警衛を任された津藩の藤堂和泉守へ下賜されている。こうした点に当時の政治情勢が垣間見える。ただし、雁と異なり、「御鷹之鶴」を下賜された家数は前年と大きく変わっていない。鶴を拝領できる家の格式などもあったろうが、「御鷹」によって獲ることができる鶴の数に限りがあることも影響していたのではないだろうか。前述のとおり、鶴の下賜については「御鷹之鶴一双」といった表記が散見される。対になる二羽を「一双」として下賜する場合があることを想定すれば、正月までに三〇～四〇羽程度の鶴が捕獲する必要がある。将軍の拳から放たれた御鷹で鶴を狩ることは、政治的な権威を示すセレモニーの側面があり、多くの鶴を狩ること自体に目的があったわけではない。下賜される鶴の中に鷹匠が御捉飼場で獲た分も「御鷹之鶴」として含まれていたとしても、自ずと数量には限りがあった。

以上のように、文久二年について「御鷹之鶴」などの下賜に関する記録があるが、これを最後に、かかる記述は『続徳川実紀』では見受けられなくなる。

御鷹狩の終焉と陸軍改正

「御鷹之鳥」の下賜をとりやめる旨の達しが出された文久二（一八六二）年は、正月に坂下門外の変が起こり、四月には島津久光が兵を率いて上洛するなど、政治情勢が緊迫した年であった。幕府の軍事体制強化という点では、同年十一月には陸軍改正の上意が発せられた。開港後、軍備の近代化と軍制の大改革が課題となっていたが、新設された幕府陸軍は歩兵・騎兵・砲兵の「三兵」による編成で将軍直属の常備軍となった。兵の軍服については、洋式兵器・装備に見合う洋式のシャツ・上着・ズボン、靴等が導入された。将軍自らが狩装束をまとい、旧来の出で立ちで幕閣や近習を引き連れて「鶴御成」に出向けるような時節ではなくなっていた。

この軍制改革は御鷹匠たちにも無縁ではなかった。元治二年の古文書に登場した御鷹匠組頭三橋藤太夫や御鷹匠頭戸田久次郎の立場にも、やがて陸軍編成の影響が及んでいった。安田寛子氏の研究（『幕末期の江戸幕府鷹場制度』）によれば、以下の点が明らかにされている。

幕府陸軍の新設に際し、既存の組織が淘汰され、そこに属する者のなかから強壮な肉体を持つ人員が軍に編入されていった。淘汰された組織の中には「御鷹」に関するものも含まれていた。慶応二（一八六六）年十月に「御鷹場」の制度が廃止された。これに伴い御鷹匠に関する組織も解体され、所属していた人員が幕府陸軍に編入されていった。『続徳川実紀』の慶応二年十月二十九日の項では、御鷹匠組頭や御鷹匠、御鳥見組頭《おとりみくみがしら》などの中から軍に編入する人員を陸軍奉行などが選定するため、編入希望者の名前を書き上げるよう指示が出されたことが記されている。選抜作業の後、鷹匠同心四一名など、御鷹方に属した人員の多くが陸軍に編入された。御鷹を飼育する御鷹匠らは、その技術を駆使できる機会と場所を失った。

慶応期の諸大名による諸鳥献上

将軍が「御鷹之鳥」を諸大名へ下賜することは文久三（一八六三）年以降取りやめられた一方、諸大名から将軍へ鳥を献上する動きは幕府が倒れる直前まで続けられていた。表4－2は、『慶応武鑑』に記された鳥の献上につき、鳥の種類別に整理したものである。刷りの状態もあって、献上のすべてを把握しきれない制約が伴うが、どのような種類の鳥がいかなる大名家から献上されたかのあらましを知るうえで、把握できた内容を整理した。なお、表4－2では鳥を塩漬にした「塩鳥」も含んでいる。

鷹を献上したのは、仙台藩伊達家（松平陸奥守）・秋田藩佐竹家（佐竹右京大夫）・米沢藩上杉家

表4－2　『慶応武鑑』に記載された諸鳥の献上

鷹（7家）	鶴（10家）	白鳥（2家）	鴨（29家）	雁（19家）	雉（12家）	その他の鳥（9家）
松平陸奥守（仙台）	徳川元千代（尾張）	南部美濃守（盛岡）	松平讃岐守（高松）	徳川元千代（尾張）	南部遠江守（八戸）	松平肥後守（会津）
佐竹右京大夫（秋田）	紀伊中納言（紀州）	丹波左京大夫（二本松）	松平三河守（美作津山）	紀伊中納言（紀州）	丹波左京大夫（二本松）	田村右京大夫（一関）
南部美濃守（盛岡）	松平肥後守（会津）		松平越前守（福井）	松平讃岐守（高松）	津軽式部少輔（黒石）	佐竹右京大夫（秋田）
上杉弾正大弼（米沢）	毛利大膳守（長州）		松平肥後守（会津）	松平越前守（福井）	阿部美作守（棚倉）	南部遠江守（八戸）
津軽越中守（弘前）	松平因幡守（鳥取）		松平飛騨守（大聖寺）	松平主計頭（母里）	松平能登守（美濃岩村）	松平讃岐守（松山）
松平丹波守（松本）	藤堂和泉守（津）		細川越中守（熊本）	松平肥後守（会津）	松平伊賀守（上田）	丹波左京大夫（二本松）
松前志摩守（松前）	南部遠江守（八戸）		井伊掃部頭（彦根）	井伊掃部頭（彦根）	松平周防守（河越）	牧野越中守（笠岡）
	上杉弾正大弼（米沢）		藤堂和泉守（津）	藤堂和泉守（津）	水野真次郎（山形）	相馬因幡守（陸奥中村）
	酒井雅楽頭（姫路）		上杉弾正大弼（米沢）	上杉弾正大弼（米沢）	板倉伊賀守（備中松山）	諏訪因幡守（諏訪）
	丹波左京大夫（二本松）		上杉駿河守（米沢新田）	松平讃岐守（松山）	板倉主計頭（安中）	
			松平越中守（桑名）	松平越中守（桑名）	諏訪因幡守（諏訪）	
			松平下総守（忍）	松平下総守（忍）	朽木伊予守（福知山）	
			奥平大膳大夫（中津）	奥平大膳大夫（中津）		
			榊原式部大輔（高田）	小笠原左京大夫（小倉）		
			本多紀伊守（駿河田中）	酒井雅樂頭（姫路）		
			酒井雅楽頭（姫路）	酒井左衛門尉（出羽松山）		
			酒井左衛門尉（庄内）	丹波左京大夫（二本松）		
			稲葉美濃守（淀）	土屋采女正（土浦）		
			立花飛騨守（柳河）			
			津軽式部少輔（黒石）			
			阿部美作守（棚倉）			
			堀田相模守（佐倉）			
			宗対馬守（対馬）			
			土井大炊守（古河）			
			土井能登守（越前大野）			
			牧野備前守（長岡）			
			松平能登守（美濃岩村）			
			土岐隼人正（沼田）			
			北条相模守（河内狭山）			

（上杉弾正大弼）など七家。鶴を献上したのは尾張藩徳川家・紀伊藩徳川家・会津藩松平家（松平肥後守）・津藩藤堂家（藤堂和泉守）・姫路藩酒井家（酒井雅楽頭）・萩藩毛利家（毛利大膳守）など一〇家。白鳥を献上したのは盛岡藩南部家（南部美濃守）と二本松藩丹羽家（丹羽左京大夫）の二家。鴨を献上したのは二九家で、その中には、桑名藩松平家（松平越中守）・庄内藩酒井家（酒井左衛門尉）・忍藩松平家（松平下総守）のように将軍から拝領した「御鷹」を用いて狩をした藩が含まれる。雁を献上したのは一九家で、拝領の「御鷹」で狩を行った彦根藩井伊家（井伊掃部頭）や福井藩松平家（松平越前守）、中津藩奥平家（奥平大膳大夫）等が含まれる。文政期の『武鑑』などと比べてみても、献上している大名家の内訳などに大きな変化はみられない。

慶応期は、幕府・朝廷に対する大名たちの政治的な姿勢に差異が生じていた時期であるが、萩藩のように幕府と微妙な関係にあった藩も鶴を献上している。将軍から「御鷹之鶴」など諸鳥の下賜がなくなった時節にあっても、大名サイドから将軍への諸鳥の献上を取りやめていたわけではなかった。

天皇周辺へ鶴を献上した大名たち

一方で、大名の中には、徳川将軍に対して諸鳥を献上するのと並行して、京の天皇周辺へ鶴を献上する動きをとった者も生じていたことを見逃すことはできない。以下では、津藩藤堂家（藤堂高猷《たかゆき》）と福井藩松平家（松平春嶽）が、親王家や有力公家を通じて天皇へ鶴を献上する働きかけを行っていたことについて、断片的ながら史料から確認できた情報を紹介する。「鶴御成」が文久二（一八六二）年を最後になされなくなった後も、京の御所では正月の「鶴包丁」の儀式が行われていたことが、中山忠能（生没年：文化六〈一八〇九〉～明治二十一〈一八八八〉年、明治天皇の生母・中山慶子の父）の日記（『中山忠能日記』、日本書籍協会叢書）から窺える。徳川将軍からの献上以外の何らかのルートで、天皇のもとに鶴が届けられ、儀式が挙行されていたということだ。

どのようなルートで儀式用の鶴が入手されたかの特定は難しいが、天皇周辺へ鶴の献上を働きかけた大名の存在を示す史料が散見される。たとえば、松平春嶽が前関白近衛忠熙《ただひろ》にあてた慶応二（一八六六）年正月十一日の書簡では、「鷹之鶴一羽を昨年同様に内々差し出すので、それを天覧に備えるため取り計らってほしい」と依頼している（前掲安田『幕末期の江戸幕府鷹場制度』）。書簡の日付からいって、清涼殿で行われる「鶴包丁」を念頭におき、鶴の献上を依頼した可能性がある。「昨年同様」と記されるため、それ以前にも内々に松平春嶽から鶴が献上されていたことがわかる。近衛忠熙からの返書では、孝明天皇に近く仕える女房から、「御満足之御沙汰」が伝えられている。公武合体を推進しようと、江戸と京の間を奔走していた松平春嶽である。鶴を媒介に江戸と京の間の関係を取り持とうとしていたのかもしれない。

鶴の献上を朝廷関係者に働きかけた今一つの大名が津藩藤堂家であった。久邇宮朝彦親王（文政七〈一八七四〉年～明治二十四〈一八九一〉年）の日記（『朝彦親王日記』、日本書籍協会叢書）には、慶応二年十二月十九日の記事に「黒鶴二羽例のごとく藤堂より伝献頼ニ付進献、予へモ一羽到来」と記される。親王は津藩から「黒鶴二羽」を天皇周辺へ献上することを内々に頼まれ、自身も一羽受け取っている。「例のごとく」と記されるため、前々から献上の動きがあったことがわかる。

『伊賀市史』によれば、津藩が京の有力公家へ鶴を献上したことが確認できるのは、開港前の安政四(一八五七)年頃からとされる。津藩は、天保十三(一八四二)年に幕府の命により伊勢神宮の警衛を命じられていた。文久二(一八六二)年には、神武天皇陵など御陵の調査を行っていた国学者・北浦定政を御用掛として藩士に取り立てる措置をとっていた。また、婚姻関係などを通じて近衛家と密接な関係にあった。こうした縁をつてに、安政四年十一月に、藤堂高猷は近衛忠熙へ鶴を贈り、孝明天皇への献上を依頼した。藤堂家は将軍から「御鷹之鶴」を拝領するとともに、将軍へ鶴を献上する立場にあった。初代津藩主藤堂高虎が徳川家康の信任を得ていた政治的な立ち位置にあった藤堂家であるが、鳥羽伏見の戦いにおいて、幕府軍から新政府軍に転じたことがよく知られる。こうした点も、徳川将軍へ鶴を献上する傍ら、開港以後、京へさかんに鶴の献上を働きかけ、天皇や有力公家など朝廷との関係を重視する行動をとっていたことの延長線のように見える。

ところで、朝彦親王の日記では、徳川慶喜が朝廷に鷹狩の停止の伺いをたてた慶応二年九月ころから、諸大名や宮家・公家との間での鳥のやりとりに関する記述が所々にみられるようになる。たとえば、前述の藤堂高猷から献上を受けた黒鶴を伏見宮へ分けて届けている。そのほか、会津藩松平家から鴨、津藩藤堂家から寒中見舞いの雁、福井藩松平家から雁などが献上されている。京の天皇・公家たちと良好な関係を保とうとする大名らの意向を表す献上品として、鳥たちが京において行き交った様子が垣間見られる。

御鷹狩制度の終焉

中山忠能日記の慶応二（一八六六）年七月の項に、「常御殿《つねごてん》御屋根真名鶴一羽舞下り暫く居り、多人数見物候」といった記述を見い出せる。御所に鶴が飛来したのを京の人たちが喜んで見物していた世の中の出来事を記したものであるが、京に政権が移る時節の訪れを予感しながら書き留めた中山の姿が想像されるような一節である。

この日記の記述の二カ月後、徳川慶喜は慶応二年九月に鷹狩の廃止について京へ伺いを立て、その翌月に鷹場の面々の役職を解いた。慶応三（一八六七）年四月二十七日に「関東村々御拳場・御捉飼場とも、当分御用これ無き事」として、御鷹場の廃止が改めて達せられた。先に触れたとおり、幕臣の日記の一節で、鷹のことを「朝廷からの預かりもの」と記していた点になぞらえると、預かっていた「御鷹」についての権能を朝廷に返上したことは、大政を奉還する予兆であるかのようだ。大政奉還は、徳川将軍が「御鷹」の制度終焉を令達した半年後のことであった。

むすびにかえて

本章では、鷹狩制度が終焉する直前の幕末期に、「黒鶴二羽」を捕えて江戸城へ運ぶ手配をした御鷹匠の活動を記した古文書を取っ掛かりとして、徳川将軍の「御鷹」と、それが捕えた鶴が江戸時代に果たした政治的な役割を通じて、徳川将軍・天皇・大名らの政治的関係とその変化の一端を辿った。

御鷹狩で獲られた諸鳥は、将軍と諸大名との間での贈答儀礼の対象であったほか、冬場に狩られた「御鷹之鶴」を正月に向けて将軍から天皇に献上する形で、幕朝関係をとりもつ役割を果たしていた。

「御鷹」の獲物のなかで頂点にあった鶴は、現在では北海道や鹿児島の出水などの一部の地域に飛来する希少な鳥となった。しかし、江戸時代には江戸近郊にも飛来し、将軍がそれを狩る「鶴御成」が行われていた。鶴が生息できる自然が江戸近郊にあったわけだが、それは、狩の獲物となる「御成御用」を鳥たちが果たせるように、幕府が制度を整えて作り上げた環境であった。幕府がこうした環境整備をはかったのは、「御鷹」による獲物の確保が、徳川将軍の政治的権威と政治体制を維持するうえで必要だったからである。

鶴をはじめとする諸鳥が政治的な色彩を帯びていたことは、本章でとりあげた幕末期の事例で京の天皇周辺へ献上する動きが諸大名のなかに生じていたことにも表れている。贈答対象となった鶴をはじめとする鳥たちは、江戸の将軍と京の天皇の間での政治権力のありかを模索するかのようにやりとりされた。

さらにいえば、今日、東京の空に鶴が飛ぶ姿がないことも、徳川幕府のもとでの「御鷹と鶴」の政治システムが終焉したことと関係している。慶応二年九月に御鷹場が廃止となり、それまで人々による狩猟禁止とされていた措置が解除された。明治維新後は鉄砲の使用が人々に広く認められるようになると、鶴などが乱獲されるようになった。

希少となった鶴は天然記念物として保護されており、現代人はこれを食することはない。このため、江戸時代に鶴が高貴な食材であった事実を想像しにくいが、江戸時代には、黒鶴に代表される鶴は高貴で美味な食材として、饗応の場の主役であった。江戸城でも京の御所の清涼殿の庭でも、鶴はさばかれ料理として振舞われた。

明治維新を経て、東京に遷都された後、明治天皇のもとで鶴が江戸時代と同様に最高の食材であり続けたかというと、そうではなかった。明治時代の宮中晩餐では、条約改正を目指すべく西洋化・近代化に対応する外交の一環として、獣肉をメインとする西洋料理が振舞われるようになった。

この間、明治二（一八六九）年に旧幕府の「御鷹匠」の中から二名が宮内省「御鷹御用掛」に任じられた。海外からの賓客が増える時節に、鷹匠たちは、天皇の「御鷹御用」の役目を担い始めた。明治三（一八七〇）年には、徳川吉宗が御鷹狩を再開させた浜御殿が「浜離宮」に改称され、外賓接待のため鴨池・鴨場が整備されていった。それを機に接遇の主役が鴨となったといってもよい。こうして、徳川将軍の「御鷹之鶴」は、名実ともに政治の表舞台から姿を消した。

（参考文献）
江戸川区『江戸川区史』、一九七六年
大友一雄「近世の御振舞いの構造と「御鷹之鳥」概念」国文学研究資料館史料館『史料館研究紀要』第二六号、一九九五年
菅豊『鷹将軍と鶴の味噌汁　江戸の鳥の美食学』講談社、二〇二一年
塚本学『江戸時代人と動物』日本エディタースクール出版部、一九九五年
東京都立大学学術研究会『目黒区史』東京都目黒区、一九六一年
西村慎太郎『宮中のシェフ、鶴をさばく江戸時代の朝廷と庖丁道』吉川弘文館、二〇一二年
日本史籍協会編『中山忠能日記（日本書籍協会叢書）』東京大学出版会、一九七三年
日本史籍協会編『朝彦親王日記（日本書籍協会叢書）』東京大学出版会、一九八二年
根崎光男『江戸幕府放鷹制度の研究』吉川弘文館、二〇〇八年
根崎光男「川井家文書と綱差役」目黒区教育委員会『綱差役川井家文書』、一九八二年
藤實久美子「徳川将軍への鷹・巣鷹・捕獲鳥の献上」ノートルダム清心女子大学ＨＰ https://www.ndsu.ac.jp/blog/article/index.php?c=blog_view&pk=15695522400007&category=&category2=（二〇二三年十月八日閲覧）
目黒区教育委員会編『綱差役川井家文書』目黒区教育委員会、一九八二年
安田寛子『幕末期の江戸幕府鷹場制度—徳川慶喜の政治構想—』河出書房新社、二〇二〇年
篠塚佑太「近代の鷹匠と宮内省」宮内庁書陵部『書陵部紀要』第七五号、二〇二四年

第五章　江戸のペットビジネス

小沢詠美子

はじめに

江戸時代は現代に負けず劣らず、ペットブームであった。八代将軍徳川吉宗も、享保十四（一七二九）年にベトナムから象を取り寄せ、一時期浜御殿（現・浜離宮恩賜庭園）で飼っていた。さすがに三坪ほどの裏長屋に住んでいた多くの庶民は、そのような大規模なペット飼育はできないものの、虫や金魚、小鳥など小型の生き物や犬猫を自宅で飼育するほか、野良犬や野良猫も地域犬、地域猫としてかわいがり共生していたことは、江戸時代に描かれたさまざまな資料からも明らかである。

こうしたペットを供給していたのが「鳥屋《とりや》」であった。鳥屋の中には「花鳥茶屋」などと称される、いわば江戸時代の動物園を経営する者もいた。そこにはペットとして飼うことができない大型の動物が展示され、多くの見物客で賑わっていたのである。この章では、こうしたペットビジネスの実態について概観する。

一　ペットとしての動物

犬

江戸に多いものとして「伊勢屋、稲荷に犬の糞」という言葉があるように、犬は江戸で暮らす人々にとって馴染み深い動物であった（第一章参照）。江戸の居酒屋の店頭を描いた図5－1を見ると、酔っ払い客につまみのおこぼれをもらおうと、まるでそこにいて当然のように待ち構えている犬の姿が描かれている。こうしたことは、居酒屋では日常の風景である。

また、吉原遊廓でもペットとして狆《ちん》に人気があったことは、多くの浮世絵に遊女とともに描かれていることからも明白である（図5－2）。

ただし、江戸時代の記録に「狆」と記されている犬が、必ずしも現代でいう狆とは限らないので注意が必要である。オランダ商館から将軍に献上される犬のカタログには、さまざまな狆が描かれており、当時、狆とは小型犬の総称であるとか、犬ではなく犬と猫の中間の動物だとか、諸説いわれていたようである（口絵⑨参照）。

そして、飼い主のあふれる愛情が見られる遺構が白金館跡遺跡（港区白金台・国立科学博物館附属

図5－2　犬と遊女　小川破笠「犬と戯れる遊女と禿図」
東京国立博物館蔵 Image:TNM Image Archives　享保元(1716)年

右下部分拡大図

図5－1　居酒屋店頭の犬　『江戸名所図会　天樞之部 巻之一』より
国立国会図書館デジタルコレクション

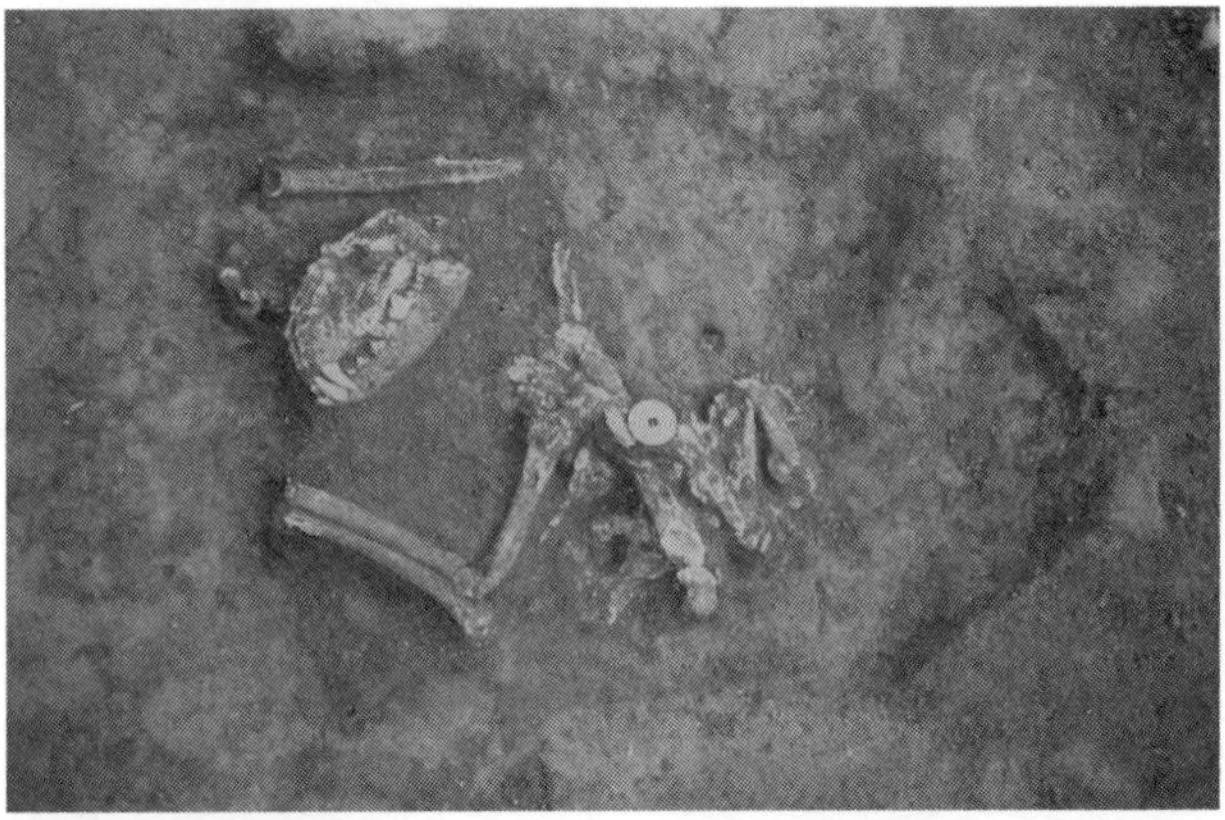

図5-3　銭とともに埋葬された犬　港区立郷土歴史館蔵

図5-4　犬の墓石とその拓本　港区立郷土歴史館蔵

自然教育園）から出土している。図5－3は埋葬された犬の骨であるが、この中央に寛永通宝が一枚納められている。これはいわゆる「六文銭（六道銭ともいう）」で、人間ならば三途の川の渡し賃は銭六枚のところ、ペット価格なのであろうか、銭一枚がていねいに犬の体の中心に置かれているのである。

また、伊皿子《いさらご》貝塚遺跡（港区三田）からは戒名の彫られた犬の墓石も四基出土している（図5－4）。ひとつの墓石には「文政十三（一八三〇）年庚寅 十一月八日 於亀事 亀毛俊狗之霊」と彫られている。「お亀」という名のこの墓に眠る主は、毛並みのよい犬だったのであろう。もう一点も同じ年で正面には「文政十三年庚寅 七月二十日 素毛脱狗之霊」と、側面には「高輪御狆白事」と彫られている。素のままで毛の抜けた「狆」、ということは、小型の愛玩犬であるチャイニーズ・クレステッドドッグなどのヘアレスドッグの一種であろうか。

また別の墓石には「天保六乙未年（一八三五）九月二日 離染脱毛狗之霊三田御屋舗大奥御狆 名染」と彫られている。つまり、三田の大名屋敷の大奥で飼われていた「脱毛」の狆であったことがわかる。江戸時代のこの地は大圓寺の寺域にあたり、同寺を菩提寺とする三田界隈の大名の中には薩摩藩島津家がいる。もしこれらの犬の墓石が薩摩と関係があるとすれば、琉球を通じて入手した中国原産のチャイニーズ・クレステッドドッグを飼育していたとしても矛盾はなかろう。

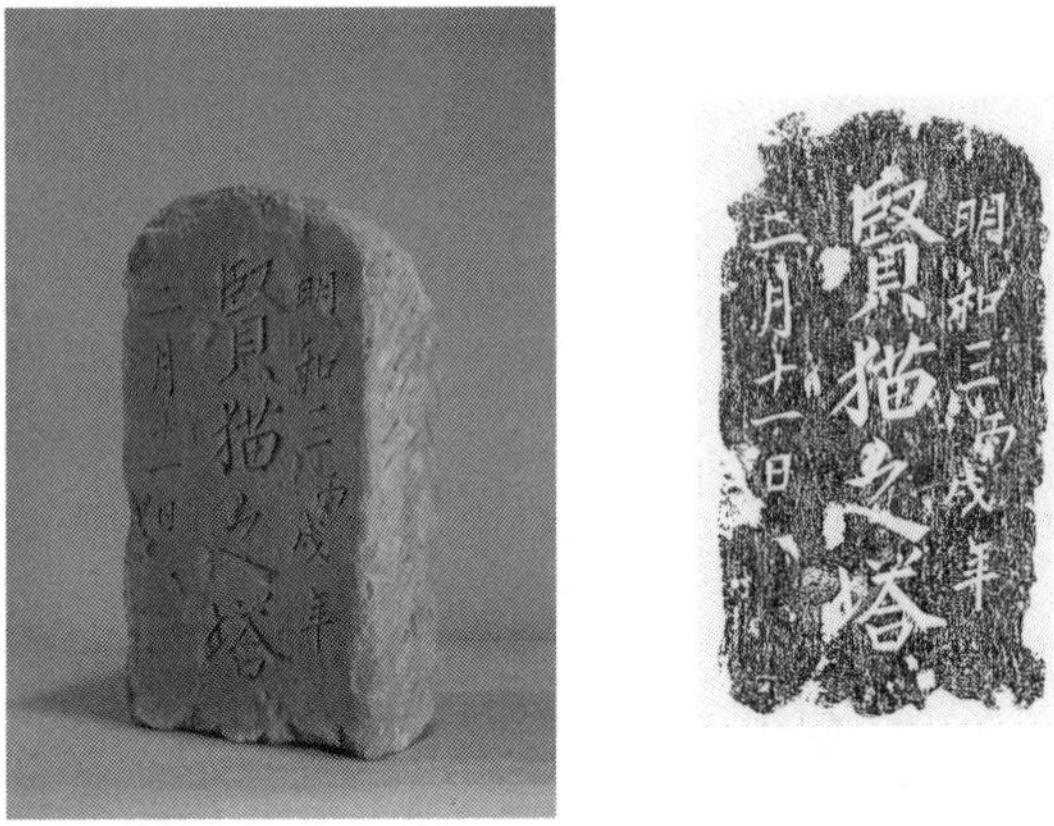

図5-5　猫の供養塔とその拓本　港区立郷土歴史館蔵

猫

また、猫も犬同様ペットとして人気のある動物であった。やはり大奥でも猫が飼育されており、一三代将軍の正室・天璋院（篤姫）が飼っていたミチ姫・サト姫という猫の餌代が年間金二五両であったとも伝わる。なお、奥女中たちも飼育しており、御年寄や中年寄などの部屋には必ず猫を飼うことが習慣となっていた。しかも、こうした権力者が飼っていた猫の子は、生まれる前から里親希望者が殺到したという。もちろん、そこには権力者と繋がりたいという下心があったことはいうまでもない。とはいえ里親の負担も少なくはない。メスなら雛祭りを、オスなら端午の節句を祝い、子猫の誕生日には赤飯を炊きおもちゃなどのプレゼントを持参した奥女中らを招いて祝宴を開かなければならなかったのである。そうなると猫が政争の道具として利用されていたといえなくもない。

一方、深川の万徳寺には、市井の人が可愛がっていたと思われる実助《まめすけ》という猫が葬られていた。黒ブチ短尾の実助は、安政六（一八五九）年五月十八日没、「駁斑猫実」という戒名が付けられた。なお、実助のありし日の姿は、現在深川江戸資料館で見ることができる。このように、身分や貧富にかかわらず、猫が愛されていたことがわかる。

ところで、猫単体の墓石はまだ確認されてはいないが、供養塔は出土している（図5－5）。正面に「明和三（一七六六）丙戌年 二月十一日 賢猫之塔」と刻まれている。これは、一匹の猫ではなく、多くの猫を対象としたものではないか、と類推されている。

なお、このようにペットの犬猫に戒名をつけ、墓石を建てる風習は江戸時代後期にはかなり広く行われていた可能性があるという。つまり、ペットのために大金を使おうという人が、このころには少なからず存在していたということになる。というのも、江戸近郊に石材の産地はなく、伊豆から石を切り出して船で運ばなければならなかったため、江戸の石材価格は決して安くはなかったのである。人間の墓でさえよほど経済力がなければ石材は使われなかった。ペットのためにはいくら使っても惜しくない、と考えた飼い主の愛情は、今も昔も変わりはない。

その他

明和年間（一七六四～一七七二）ごろには、「養鼠玉《ようそたま》のかけはし」という専門書が出版されるなど、ハツカネズミの飼育が江戸で流行する。江戸時代を通して朝顔、椿、福寿草など植物の奇品種（変

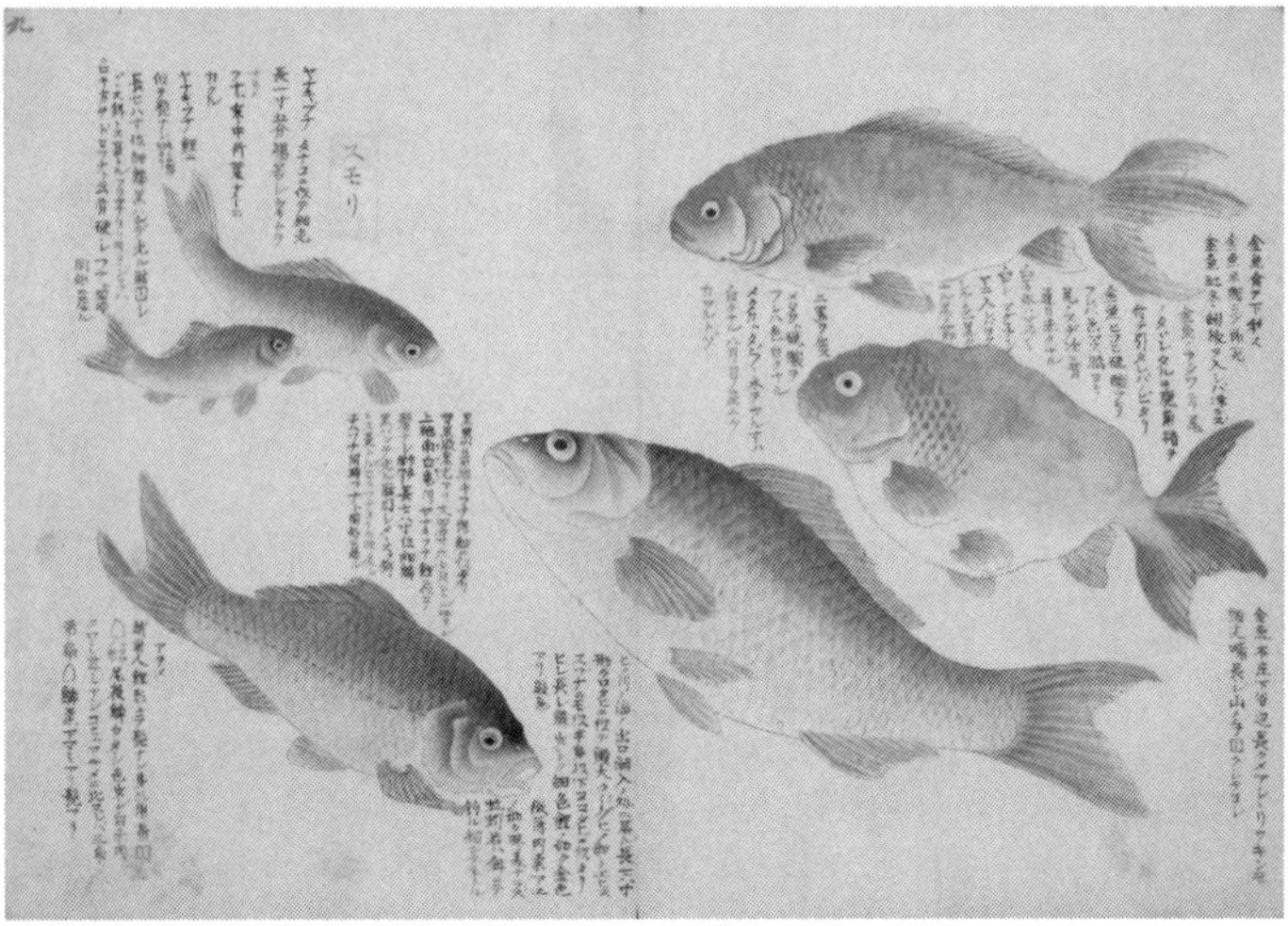

図5－6　金魚　奥倉辰行「水族四帖 春」　国立国会図書館デジタルコレクション

化咲き）が好まれていたが動物も同様で、まだら模様の個体とか、真っ白の体に真っ赤な目をしたハツカネズミなどが珍重されていたのである。五代将軍綱吉の側用人であった柳沢吉保の孫で、大和郡山藩二代藩主の柳沢信鴻《のぶとき》もネズミ（種類は不明）を飼育していたようで、信鴻の書いた「宴遊日記」の安永二（一七七三）年五月六日の条に、「ネズミが四、五日前に四匹の子を産んだのを、今日見つけた」と記している。

　また、金魚の飼育も広くおこなわれており、やはり奇品種が好まれていた（図5－6）。「丸っ子」と呼ばれる背びれがなく四つ尾で頭にコブのない金魚には、幕末には最高金三〜四両の値がついたという。

　四代広重を称した菊池貴一郎は『絵本江戸風俗往来』に「金魚は高価な品に至って

は限りなく、貴人の愛玩する金魚は別物である。桶をかつぎ市中を売り歩き、縁日に出る金魚はただ子供のおもちゃにとどまる。金魚売りは毎年夏の初めから秋の初めに至り、『目だかァ、金魚ゥー』という売り声は、暑さを洗うように聞こえる」と記している。

ほかにも、鳥（図5－7）や虫もペットとして好まれた。江戸時代には内外における大きな戦争もなく、物価も比較的安定していたため、物心共にペットを愛でる余裕があったのであろう。江戸時代の人々と動物に関わる逸話は枚挙にいとまがない。

二「鳥屋」の活躍

ブリーダーとしての鳥屋

では、こうしたペットは、どこで入手していたのであろうか。そのキーパーソンと考えられるのが「鳥屋」である。先述の柳沢信鴻は、隠居後駒込の下屋敷（現・六義園）で暮らしていたが、そこで狆を飼っていたようで「宴遊日記」にしばしば登場する。安永二（一七七三）年には、次のような記述がある。

・「鳥屋市郎兵衛」に申し付けて、白栗毛長狆の「ちょこ」が来た。はなはだ小さい狆である。

図5−7　鳥屋の店頭　「八百屋町飛禽店」『摂津名所図会 巻之四』
慶應義塾大学文学部古文書室蔵

「福」とは仲良くならなかったので、昼には返した。

・「鳥屋市郎兵衛」を呼び、「福」を預けた。

・「市郎兵衛」がまだら模様の狆を連れてきたが、返した。

この記述から類推できることは、信鴻の愛犬は狆の「福」であり、繁殖相手を探していたのである。そして、その作業を請け負っていたのが「鳥屋」の市郎兵衛だったのである。つまり鳥屋にはブリーダーとしての一面があったことがわかり、信鴻が狆を購入していたとしたら、販売元が市郎兵衛である可能性は高いであろう。

しかし、鳥屋の仕事はそれだけではない。図5−7は大坂の例ではあるが、「摂津名所図会」に描かれた鳥屋の店頭の左側には、満面の笑みを浮かべた観衆の面前で水鳥を捌いている様子が描かれている。さらにその左手には在庫の水鳥と「南京玉子」という札とともに大量の卵が置かれている。図の中央には多くの鳥籠が並び、その中にはおそらく愛玩用と思われる小鳥が見え、さらに店の前に描かれているのはニワトリ、アヒルにカモの類。これらはペットであろうか、それとも食用であろうか。そして店頭には狆とおぼしき犬まで描かれている。

しかし、この図だけでは、この狆がこの店の看板犬なのか、商品なのかは判別がつかない。この図一点のみで鳥屋全般の実態を普遍化することはできないが、少なくとも大坂の鳥屋ではペットだけでなく、食肉も扱われていたことがわかる。

江戸の鳥屋

では、こうした鳥屋は江戸ではどのような様子だったのであろうか。明治になって刊行された雑誌『風俗画報』に、江戸の鳥屋について回想したエッセイが残されている。それは三河在住の久永章武という人物による「江戸市中飼鳥屋《かいとりや》の概況」というタイトルで、おおよそ次のように記されている。

「飼鳥屋」の変遷は、現在では根拠がないが、江戸幕府が鷹狩りの制度を創ったことにより飼鳥の御用を請け負ったことからその生業が始まったという説があるものの、真偽は不明である。ここに、愛鳥家や古老の話や記録、また実際に自分の見たことを述べる。さて、今を去ること三〇有余年前、江戸市街に飼鳥商を業務とするものを単に「鳥屋」と呼んだ。日本橋組に三〇戸、芝組に三〇戸、合わせて六〇戸に限られており、株（筆者注：営業権）がないと営業は許可されなかった。そのため飼育法もみな熟知しており、「鳥屋」の名に恥じることがなかった。とある鳥屋の話によれば、かつて江戸幕府では多くの諸鳥を飼育しており、大名・旗本には愛鳥家がすこぶる多く、また商家にも愛鳥家がいて、一日に二～三の得意先の用事を済ませると日が暮れるほどで、今と違って相応の収益があり、ある時には注文が多すぎて対応できず謝罪することもあり、何鳥に限らず販路が渋滞することはなかったという。思うに、昔は愛鳥家が多く、愛情深い飼育が盛んだったのだろう。

このように、江戸における鳥屋の繁盛ぶりがうかがえるが、この文章の後半には二三軒の鳥屋の住所氏名が記され、具体的な逸話も紹介されている。本郷一丁目の越前屋田中彦四郎は、江戸第一の鳥屋で、幕府の飼鳥御用達を勤めていた。数十人の使用人を雇い、衣服も華美なものを用い、大丸や越後屋（三井）などの有名呉服店の上得意であったという。平和な世の中が続いたため鳥の需要がたいへん多く、利潤は巨額に上っていたのだ。ところが、戊辰戦争以降大名らは国許に帰り、旗本たちも静岡などに行ってしまったため鳥を愛でる余裕はなく、当然幕府の御用もなくなり、閉店に追い込まれてしまった。

一方、明治以降でも繁盛していた鳥屋もあった。小石川柳町の赤塚屋川角彦兵衛は話し上手の商売上手で、得意先も年々増加していた。鳴き声の良い鳥の飼育に長けていたが、とりわけ鶉《うずら》の鳴き声の音調に苦心していたという。さらに、明治五（一八七二）年から兎の飼育が流行し、この折に予想外の利益を手にしている。なお、一匹数百円もの値段をつける兎もあり、この流行の弊害を看過できなかった政府は兎一羽につき月一円の税を課すこととしたため、流行は沈静化していった。

図5－8は、愛好家によって飼育されている兎の番付表で、やはり奇品種が高い評価を得ていたようである。そして、中央の「行司」には旧大名の名がずらりと並ぶが、注目すべきは下方の「頭取世話方」で、鳥忠、鳥三、鳥久、鳥屋、鳥熊、鳥正、鳥鉄、鳥彦などの屋号が並ぶ。これらが鳥屋であったことは疑いなく、鳥屋が鳥以外の動物も扱っていたことが示されている。

ところで、鳥屋以外に「鷹屋」という業態があったことも確認できる。安政三（一八五六）年八月に関東を大風雨が襲った際、小石川の質屋・伊勢屋の家に、全身が鼠色で羽一面に星の模様がある変わった一羽の鳥が、風に飛ばされ飛び込んできたというのである。この鳥を見た「鷹屋栄助」という人物も、同じ鳥を見たことがないと語ったことが、『安政風聞集』に記されている。「鷹屋」とは、おそらく鷹狩り用の鷹を扱う業者と思われるが、詳細は不明である。

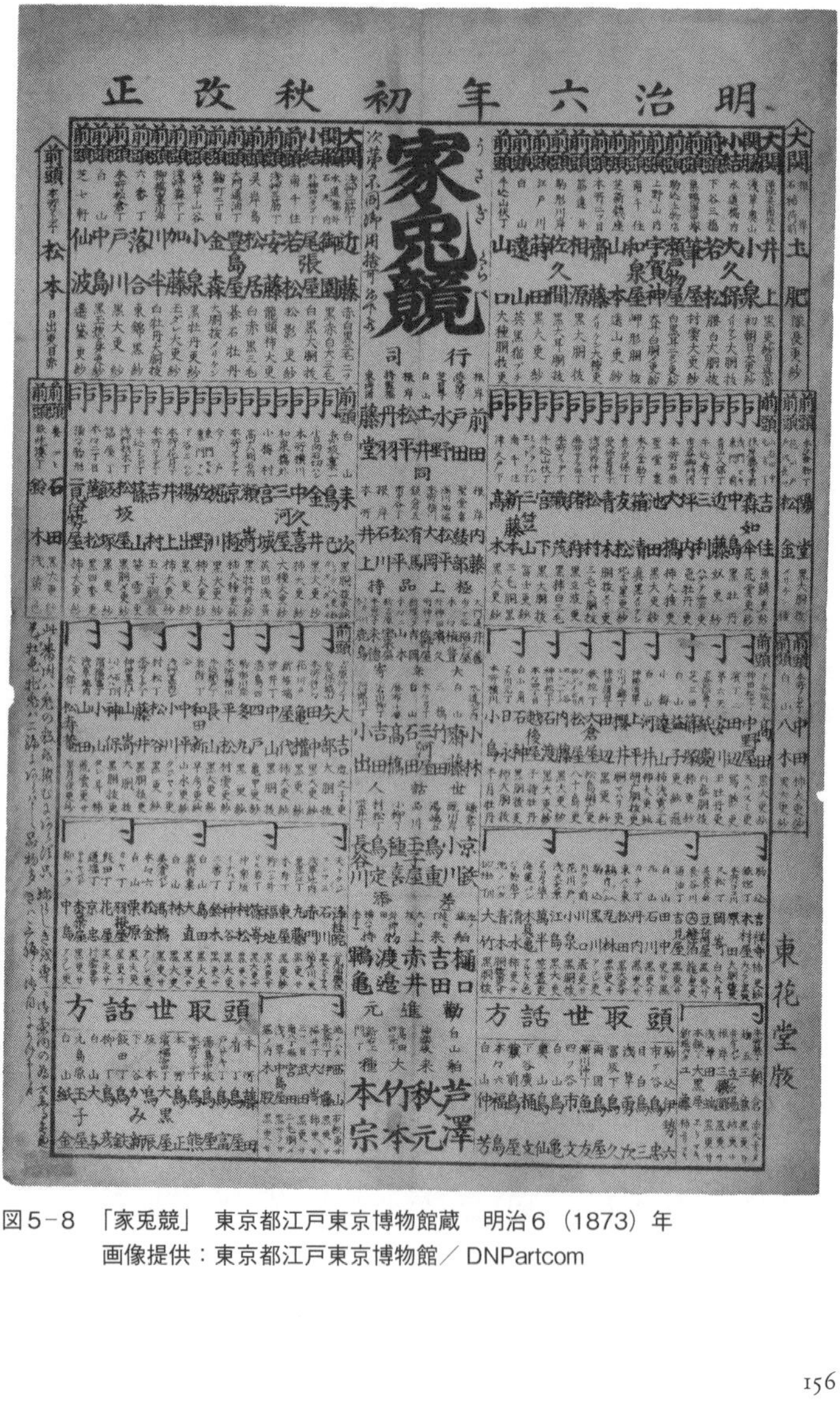

図5-8　「家兎競」　東京都江戸東京博物館蔵　明治6（1873）年
画像提供：東京都江戸東京博物館／ DNPartcom

三　「花鳥茶屋」の様子

観物鳥屋《みせものとりや》・三次郎

先述の「江戸市中飼鳥屋の概況」には、「浅草寺境内奥山　観物鳥屋　三次（正しくは「三次郎」）」についても次のように紹介されている。

鳥屋三次氏は浅草寺境内、俗に奥山というところに住んでいる。この人は越前屋彦四郎方で番頭を勤めたのち、独立して浅草に店を出したと聞いている。奇品種の鳥や諸々の鳥、さらに鶴や孔雀をはじめとする大型鳥類に加え、羊や猿のような動物も飼育している。観物屋であるその出入口で若干の見物料金を渡し、庭内に入り、並んでいる諸々の動物を自由に見ることができる。羊や猿の餌であるカボチャやサツマイモなどを小さく切ったものが売られており、見物人はそれを買い求め自ら与えるイベントがある。そのため観客はすこぶる多く、収入も多かったであろう。観物主義の鳥屋なので、人呼んで花鳥茶屋という。観物鳥屋とはいえ、客の希望に応じてどんな鳥でも売っていた。そして入口の右側に囲いがあって、そこでは孔雀が飼われている。これがいわゆる看板鳥である。左側には木戸番が座っていて、ここで見物料金を支払って庭に入る。庭の右側には水鳥と動物が、左側には普通の鳥屋の店先のように水陸問わず諸々の鳥の小籠が位置よく並んでいる。展示には木札がつけられ、鳥名が記されていた。庭の側面には巨大な金網で造られた籠が設置されており、鶴その他の大型鳥類が飼われている。また、錦鶏、雉の類、鶺鴒《せきれい》、鳩などおのおのひとそろえずつ飼育し、これらにも名札が付けられている。したがって一通り見れば、これは何の鳥、とその名を知ることができる。普通の鳥屋とは趣を異にしている。

つまり、料金を支払い入場し、名札のついた鳥や動物を鑑賞し、さらには餌やりイベントまで楽しめるのがここの特徴で、しかも繁盛していたというのである。大名でもない限りペットとして飼えないような大型動物に、ペットのように餌をやり、かわいがっていたのだ。江戸で暮らす人々の、動物に対する好奇心の強さもうかがえよう。

花鳥茶屋

さて、ここに記されている「花鳥茶屋」とは「孔雀茶屋」とも呼ばれ、いわば動物園の先駆けともいうべき施設で、江戸のあちこちに存在していた。ちなみに、「花鳥茶屋」という名称ではあるが基本的に植物の展示はない。図5－9は大坂の孔雀茶屋であるが、孔雀を中心に水鳥なども展示されていたことがわかる。そしてかたわらには、お茶を飲みながら鳥を眺めて休憩する人々も描かれている。

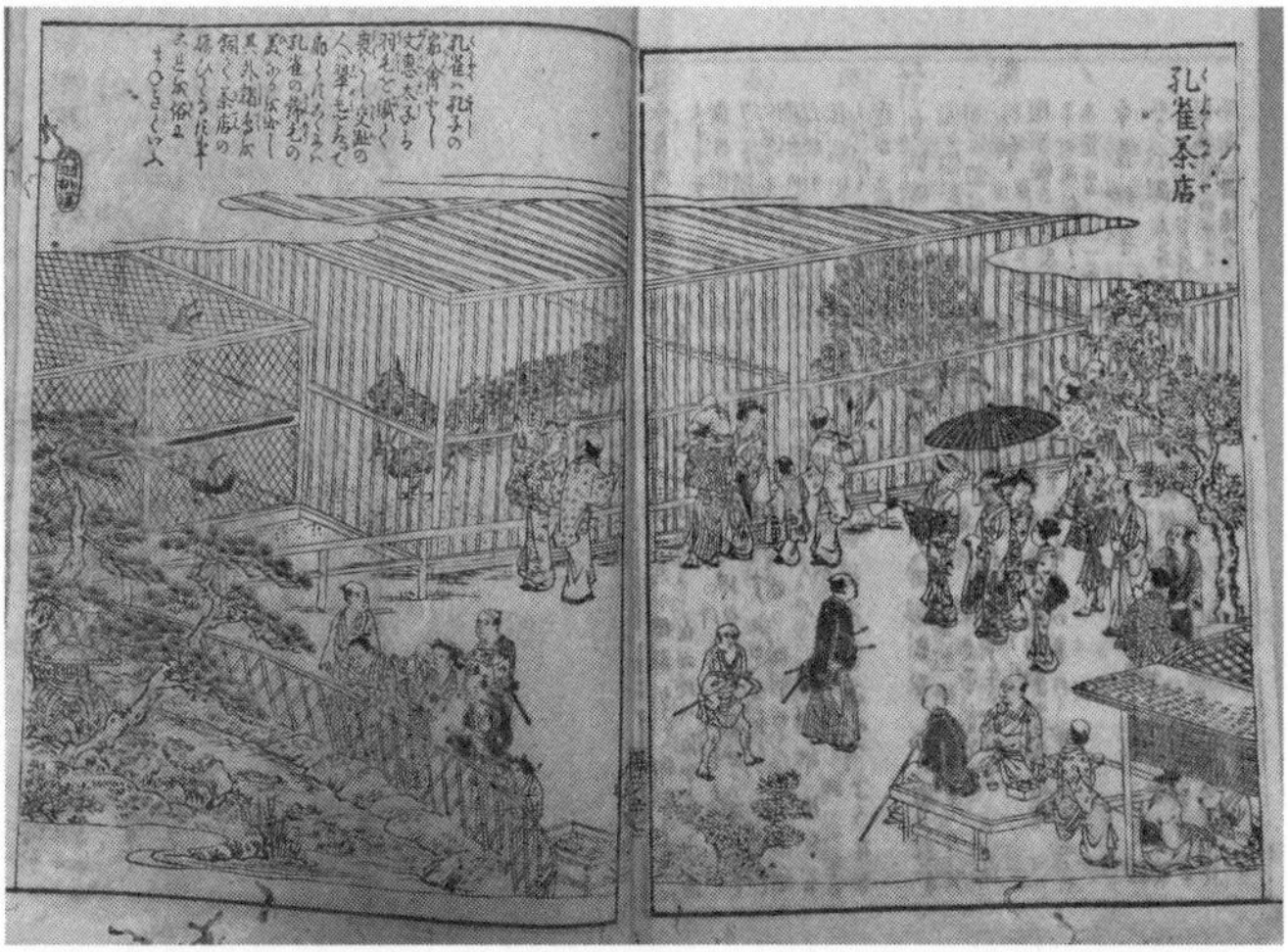

図5−9　「孔雀茶店」『摂津名所図会 巻之二』　慶應義塾大学文学部古文書室蔵

図5−10　花鳥茶屋　山東京傳「唯心鬼打豆」　早稲田大学図書館蔵

図5－11　花鳥茶屋　山東京傳「七色合点豆」　早稲田大学図書館蔵

一方、図5－10は下谷の広徳寺前（台東区上野）にあった有名な花鳥茶屋である。正面に掲げられた掛行燈には「御休所《おやすみどころ》」と記され、お茶を運ぶ女性が描かれている。花鳥茶屋の入場料については、江戸市井の生活を図解した「市井生活図説」（著者不詳）に、下谷山下の「鳥獣茶屋」の代はわずか一六文だと記されているので、この図に描かれている一両小判は黄表紙特有の洒落であろう。そして図の中央に描かれている二人の客は、湯飲み茶碗を片手に鸚鵡《おうむ》などの珍しい鳥に見入っている。さらに図の右側を見ると、金網で造られた巨大な檻に入れられた孔雀が、客を出迎えている。

図5－11もやはり掛行燈には「御休所 花鳥茶屋」と書かれている。そしてここにはヤギのような動物が描かれているのである。「鳥屋三次」の施設以外にも、動物が飼育されていた花鳥茶屋が江戸のところどころにあったことがわかる。

図5－12　開園当初の花屋敷　「浅草奥山四季花園観梅遠景」
国立国会図書館デジタルコレクション

四　浅草花屋敷の「鳥茶屋」

浅草花屋敷の誕生

「江戸市中飼鳥屋の概況」に記されている「三次」は、正確には「三次郎」であったことが、『浅草寺日記』から確認できる。明治二（一八六九）年の「記録」に、浅草寺本堂修復のための奉納金リストが掲載されており、そこには、

一　金十五両　　花屋敷
　　　　　　　　六三郎
一　金十五両　　同所
　　　　　　　　商人中
一　金三両　　　同　鳥茶屋
　　　　　　　　三次郎

と記されている。つまり、浅草寺境内に設置されていた「花

屋敷」の敷地内で「鳥茶屋」を経営していたのが「三次郎」だったのである。

さて、花屋敷は現在では老舗遊園地「花やしき」として広く知られているが、もともとは嘉永五（一八五二）年から一般公開された「植木茶屋」であった。創設者は千駄木の植木屋・初代森田六三郎である。初代六三郎は、変化咲き朝顔や菊の栽培、インド原産の仏手柑《ぶっしゅかん》の栽培などを得意とし、漢方薬の元になる「龍眼《りゅうがん》」の実の栽培にも成功している凄腕の植木屋で、当時すでに植木屋として名をなしていた人物であった。もともと浅草寺境内で菜飯茶屋を営んでいた父・太右衛門が病身となり、商売を続けることが難しくなったので菜飯茶屋を廃業し、そのあとを初代が引き継ぎ、懇意にしてもらっていた東叡山主・輪王寺宮の庇護の下、四季の草花を植えてそれを眺めながら飲食を楽しむ植木茶屋としてブラッシュアップしたのである。そして、輪王寺宮の許可を得、嘉永六年から「花屋敷」と名乗り始めることとなる。図5－12の右上に描かれているのが、飲食を提供していた「新昇亭」である。なお、初代のころには動物を飼育していた形跡は見られない。

花屋敷での動物飼育

初代六三郎は万延元（一八六〇）年に鬼籍に入り、その後を継いだのが初代六三郎の一人息子、半三郎である。二代目を襲名した時期は不明であるが、おそらく初代が亡くなる少し前から花屋敷の経営を任され、独自の展開をしていたと考えられる。なぜなら、ちょうど万延元年に花屋敷を訪れていた、イギリスから来日していた園芸学者ロバート・フォーチュンが自著『江戸と北京』に、

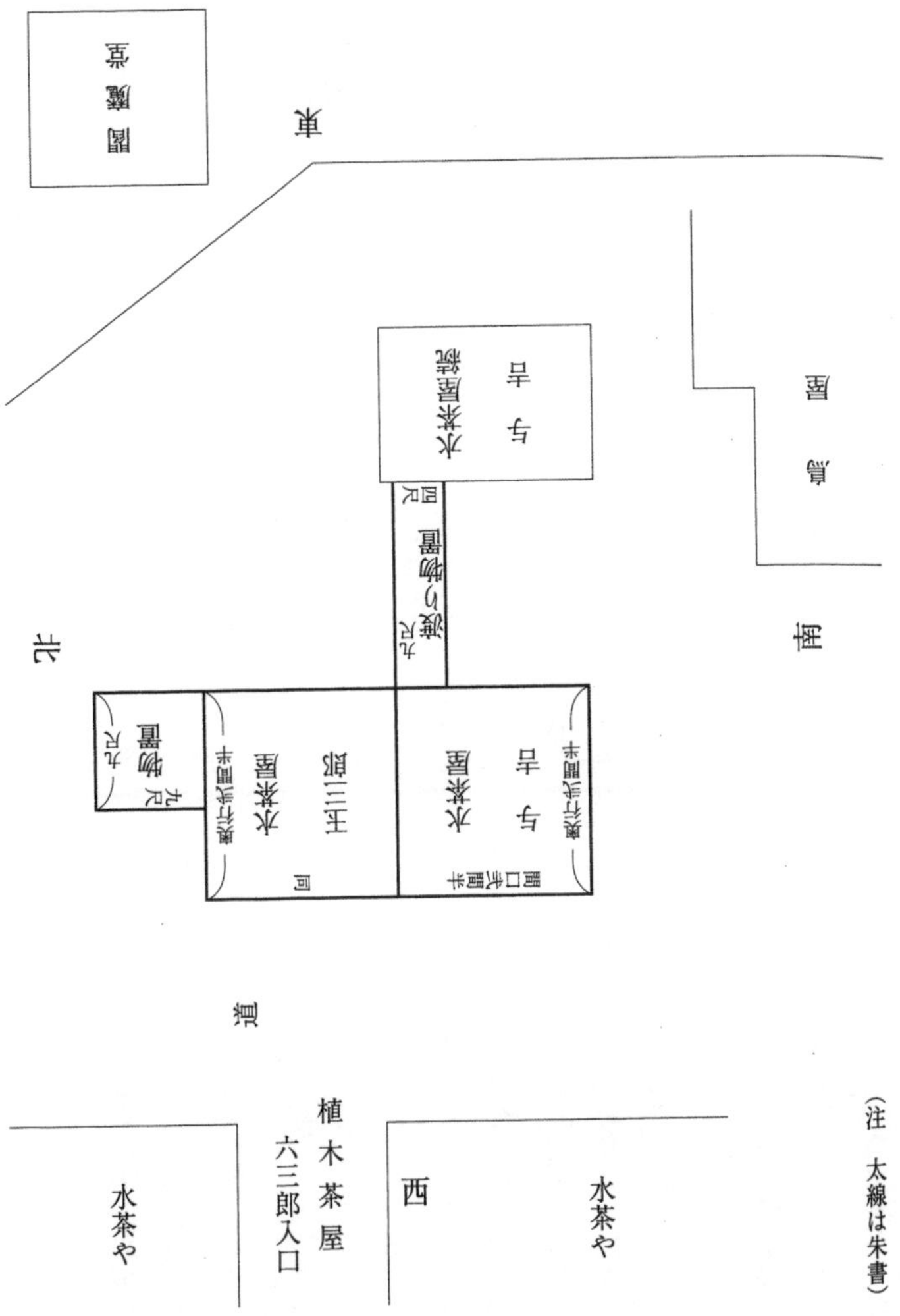

図5－13　花屋敷の「鳥屋」（『浅草寺日記 第三二巻』より）

動物飼育について次のように記しているからである。

浅草の花屋敷には見物客の娯楽のために、鳥や他の動物を収集して見せるので、観客がふと博物学の動物類に興味を持つかも知れない。コレクションは、緑色のハト、斑点のあるカラス、立派な大ワシ、金銀の羽を持ったキジ、オシドリ、ウサギ、リスなどが目についた。そこは概して、遊山に来る江戸市民の娯楽と教訓を当てこんで、いろいろなものがある。ここは梅や桜の花時には、本当に楽しい所に違いない。

このように、植物の調査のために来日した植物学者でさえ、花屋敷で飼育されていた動物に魅了されてしまったことがわかる。そもそも、植木屋としてのプライドが高かった初代が、動物飼育などするはずがないことは明らかである。つまり、二代目六三郎こそが動物飼育に活路を見出していたと考えられよう。それはおそらく、初代亡き後の花屋敷の経営を考えた時、カリスマ的な才能を持った初代を超えることができるのか、という葛藤が二代目にあったのではあるまいか。とはいえ、植木屋である二代目に動物飼育のノウハウがあるとは考え難い。

では誰が飼育していたのか。それが鳥屋三次郎である。文久三（一八六三）年の『浅草寺日記』には、花屋敷内の「鳥屋」すなわち鳥茶屋の位置関係が記されている。この図5－13を見ると、花屋敷に入ってすぐの場所に鳥茶屋が設置されていたことがわかる。そこに、先述のような「観物鳥屋」が独立した施設として展開されていたのである。なお、明治維新以降、花屋敷は東京府の方針により、動物飼育がメインになっていく。

以上見てきたように、江戸で暮らす人々にとっての動物は、現代人が考える以上に身近な存在であり、多彩なペットビジネスが展開されていたのである。

《参考文献》

小沢詠美子『江戸ッ子と浅草花屋敷』小学館、二〇〇六年
竹内誠編『江戸時代館』小学館、二〇〇三年
永島今四郎ほか編『新装版　定本　江戸城大奥』新人物往来社、一九九五年
平岩米吉『猫の歴史と奇話』精興社、一九八五年
港区伊皿子貝塚遺跡調査団『伊皿子貝塚遺跡』日本電信電話公社・港区伊皿子貝塚遺跡調査会、一九八一年
港区立港郷土資料館編『江戸動物図鑑』二〇〇二年
『諸國叢書第五輯』成城大学民俗学研究所、一九八八年

Interlude 3　江戸時代の狆飼育

岩淵令治

一　江戸時代の犬飼育書

江戸時代の犬は、人間との関わり方から、三つに大別できる（塚本一九九五、谷口二〇〇〇ほか）。A．村や町でなかば放し飼いにされた犬（野犬との区別は難しい）、B．猟犬、そしてC．狆《ちん》である。このうち狆は、大身の武士や富裕層の間で特別に珍重され、一般の犬とは区別された存在であった。一八世紀後半には、金魚、鼠などの飼育書が刊行されたが（塚本一九九五）、こうしたそれぞれの犬についても、飼育書が伝存している。A．「街の犬」については、大坂の文人で愛犬家でもあった暁鐘成《あかつきかねなり》が著した『犬狗養蓄伝』（天保七〜十三〈一八三六〜四二〉年成立）が知られる（白水一九九五・福田二〇二三）。内容は、犬を飼うこころがまえ、犬の病気やけがの手当法、犬の病気の治療薬、狂犬病の治療薬となっている。実は『和漢三才図会』からの引用も多く、主眼は薬の宣伝にあったが、一書として刊行された点、また「街の犬」を対象としている点で、社会的な意味は大きい。なお鐘成は、天保十（一八三九）年には約五十項にわたって義犬・忠犬の逸話を集めた「犬の草紙」六巻も著している（朝倉ほか一九二六・福田二〇二三）。

B．猟犬については、幕府雑司ヶ谷御鷹部屋御犬方の中田清五郎永寧が著した『蒼黄集』（文政九（一八二六）年写　斉籐一九六四）が、訓練に用いる道具や訓練の方法のほか、犬の選び方、養育法、薬法などを記す。[*1]

C．狆については、滝沢馬琴が『南総里見八犬伝』第七輯巻之五付録として記した「闘牛考并子狗の略説」（文政十〈一八二七〉年十一月六日）が有名である。闘牛の記述に続き、狆の由来から種類と特徴が記されており、大名家文書にも写本が残されるなど（園江一九七〇）、広く流布したと考えられる。しかし、具体的な養育についての記述はなされていない。馬琴は、薬方や「子を産ませる時の心得」など多くの「口伝」があり、これらを集めて愛好者に示そうと思いつつ、暇がないので「崖略」（概略）のみ記した、としている。つまり、この記述は残念ながら概略で終わっているのである。そこで、この小稿では、いままで原本の所在が不明で内容のごく一部の検討にとどまっていた「狆飼養書」、および近年玉里島津家資料中で存在が紹介された「狆秘伝書」（崎山二〇二〇）の内容を紹介していきたい。[*2]

二 「狆飼養書」・「狆秘伝書」にみる狆の飼養

「狆飼養書」の筆者・作成年代は不明である。作者については、写本の作成者が、麹町貝坂（現千代田区）あたりに住んでいた狆医者と推測している。調薬の出典で医書があげられていることから、たしかに、医者の立場で書かれた可能性はあるが、今後の検討課題である。作成年代は、本書に基づいて作成されたと思われる写本が文政十（一八二七）年三月の作成であることから、それ以前の成立と考えられる。*3

では、内容をみていこう。冒頭では、狆は交趾《こうし》（現在のベトナム）から渡来したとする。続いて、品種が記される。オランダ人が持ち込んだ大型のかぶり（「水犬」「おらんだかぶり」）、これに江戸で毛長の狆と交配した「かぶり亦《また》は毛長・半毛長」、四足の短い「薩摩種」があったが、毛が非常に短く四足が細く足先が白くすらっとした「鹿だち」がはやったのち、現在は四足が短くて細く、品の良い丸い狆が流行っているとする。この流行の狆はだいたい半毛長で、江戸で交配して作られた「上田筋」、「大島すじ」、「溜屋筋」、「平松すじ」、「浅草さんやすじ」など様々な種があるが、鹿だちの系統で白赤のぶちもしくは白黒ぶちなどの上田筋がとくによいとしている。また、大坂・長崎そのほかの国々にも狆はいるが、江戸で作り出されたものほど小さいものはないとする。

次に、狆を飼う心得として、普段からよくしつけを行い、発情期には狆の種（筋）を見分けて交配し、子狆のうちから排泄をしつけ、清潔にすることが重要とする。ただし、以下の記述は九十条にわたるが、とくにしつけに関する記述はなく、内容は、交配、出産から子狆の育成、病気・怪我の対処・薬方となっている。

交配については、発情期の見極め（男狆は誕生から十五カ月目あたり、女狆は九カ月から十一カ月目）、交配のタイミング（女狆の発情から十四日目あたり）、期間（男狆は三・四カ月、女狆は四・五カ月）、適切な回数が記される。出産は交配から約六十日後で、妊娠や陣痛を見極める方法や、出産前の食欲減退への対処、妊娠中の禁忌の食品（イカ、海老、鮒、するめなど）、難産の時の薬、産後の女狆のケアなどが記述される。

子狆の育成については、子狆の虫気（寄生虫などによる腹痛）の見極め、女狆の乳の出をよくする方法（四十〜五十日目から飯に細かくしたうなぎと味噌汁を入れるなど）、離乳食（飯を摺って糊状にし、味噌汁を少し入れて鰹節を加えたものを徐々に与え、八十〜九十日から干飯に移行する）、毛並みをよくする方法（湯をかける時に毛の短い狆の場合は櫛でとかすなど）、ダニの注意、夏生まれの子狆の吹き出物の注意などがあげられる。

病気・怪我については、四肢のひきつり、癲癇、かぶれ、寄生虫、呼吸の乱れ、耳の中の出来物、難病の腹痛「流行腹」、虱、口の悪臭、目の病、痰咳、脱肛、淋病、地犬に嚙まれた時、こたつに長居して目を回した場合、やけど、臆病で雷・地震・火事に驚いた時の対処があげられる。

また、「狆飼養書」と異なる系統の養育書として、「狆秘伝書」と題する写本が玉里島津家資料の中にある。作者や成立時期は不明であるが、玉里島津家は島津斉彬の弟久光（一八一七〜一八八七年）に始まる家であり、久光は狆を愛玩《あいがん》していた（崎山二〇二〇）。同家で十九世紀に使用していた可能性があろう。

条文は七十条近くあり、出産、子狆の育成、病気・怪我の対処と薬方など、内容の異同はあるものの「狆飼養書」と叙述の対象が重複する。狆の育成にひろく共通する課題だったのであろう。また、「狆秘伝書」にしか見られない項目として、冒頭の十種の狆（極上狆筋、上田筋、大島筋、古久筋、鹿立筋、薩摩筋、合さつま筋、無筋、毛筋、毛疵）の解説と、これに続く「注文」にあたっての諸注意があり、種類の見分け方や毛並みなどの外見、生殖能力の見分け方があげられている。「狆秘伝書」は「狆飼養書」より飼い主に近い立場で書かれているといえよう。そして、人が持っていない姿の狆を入手、あるいは創生させることが目指されていたことがうかがえる。

三　六義園の狆―隠居大名柳沢信鴻の日記から

では、実際の狆の飼育について、駒込の下屋敷（現文京区六義園）に隠居していた大和郡山藩元藩主柳沢信鴻《のぶとき》の「宴遊日記」をみてみよう（岩淵二〇〇六）[*4]。

信鴻は、「鬼次」「福」「豆」など複数の狆を、また息子珠成《しゅせい》（里之　支藩三日市藩主）も狆を飼っていた（安永二（一七七三）年六月七日）。また、屋敷に狆を連れてきたり（同三月十三日・五月十四日）、狆を預かる（同五月七日）鳥屋市郎兵衛は、出入のいわゆる狆屋であろう[*5]。安永二（一七七三）年には、信鴻は、飼っていた女狆「福」を三回交配させ、「脇坂隠居」に先を越されたり（三月十二日）、相手が小さすぎて失敗する（三月十三日）など苦労しながら、自ら直接交配を計画・実行していたようである。外出先でも自分の狆と相性の良い（「合印」）狆を探している（安永三年八月一日）。狆の愛玩の様子が知られるのが、「豆」との十数日の暮らしである。安永二年七月十日に入手した「豆」は翌日より体調不良となり、薬を与えるも快方に向かわず、心配のあまり不眠となってしまった信鴻のもとから、二十日に旅だってしまった。信鴻は、庭中の庵の傍らに、首玉（首輪）・褥（敷物）とともに埋葬している。信鴻はその面影を忘れることはなかったようで、一年半を経た安永四年一月二十一日、谷中の町屋で見た他人の狆から「豆」をまた思い出している。

このような交配によってよい種を創り出すという楽しみ方やその嗜好の変化は当時の園芸の「奇品」ブーム（岩淵二〇〇〇ほか）とも共通するものだが（塚本一九九五）、現代から見れば、一部商品化が進んでいることからブリーダーの行為を連想させ、また飼い主との関係は「豆」を失った信鴻のいわばペットロスにもみられるように、今日のペットとしての愛玩に近いように思われる。江戸では、薩摩藩の菩提寺であった大円寺の跡地（伊皿子貝塚）から、薩摩藩邸の奥女中が愛玩したと思われる狆の墓石が出土している（港区立港郷土資料館編[*6]）。江戸時代から個人のペットに特化し、さまざまに手を尽くして飼養されてきた狆は、死後も飼い主によって弔われたのであった。

もっとも、「狆飼養書」では、〝狆はなかなか治療がうまくいかず、百にひとつしか成功しないが、治療に手を抜かないように〟と述べられている。また、傷寒論の立場からか〝狆は熱の高い生き物で、鰹節・うなぎ・玉子ほか魚肉を与えると、胃腸に湿熱を生じて様々な病を発症（する）〟、〝十頭中八、九頭には寄生虫がいる〟としている。このように、狆は体も強くなく、繊細で病を発症しやすかった。痰咳への対処では、子供の百日咳と思って治療するようにとされ、「狆飼養書」や「狆秘伝書」に登場するさまざまな薬は人間が用いる漢方薬と同じである。このように手間とお金がかかる狆は、やはり裏店に住む庶民のペットにはならなかっただろう。

ただし、「狆飼養書」は、「近年は狆が増えたものの二、三十年前とは違って飼い方やしつけ方が悪くなっているため、薬でも病気が治らず、また交配もうまくいかないのでよい狆が出来ない」としている。こうした状況への対応が執筆動機になったと思われる。また、「狆秘伝書」には、売っている犬の中には老犬の歯をみがいて若い犬に見せかけていることがある（「うり犬ハ歯ミかきたて、若犬にしてうる事も有之」）とあるように、育成家の関心を利用した狆売買における不正や、育成家の知識不足が作成の背景にあったと推測される。

馬琴が「口伝」を文章化しようとしたのも、狆飼育の知識が求められるようになってきたからであろう。それは、富裕層とはいえ「口伝」を知らない人々の中で、狆飼育が一定の普及を遂げた結果なのかもしれない。今日の社会問題となっている飼い主のモラルの低下や悪質ブリーダーの横行という現象は、今に始まったことではないのである。

（付記）本稿は、JSPS科研費22K00902・24K00106の助成を受けた研究成果の一部であり、岩淵二〇〇六・二〇二二の一部ももとにしている。

（註）

＊1　近年では、荻島二〇二一が、「鷹術秘事口訣伝」（宮内庁書陵部所蔵）所収の「鷹犬見立仕込様口傳」から犬牽の技術を検討している。

＊2　日本古典籍総合データベース（国文学研究資料館）には、狆の養育書として、①「狆育様及療治」、②「狆飼方薬法秘伝」、③「狆飼養書」の三冊が採録されている。このうち①が香川大学図書館榊原文庫である以外、所蔵先は不明であった。③「狆飼養書」については、『古事類苑』動物部（吉川弘文館、一九七〇年、一九一一〜一九二頁）掲載の冒頭から五条目までが引用されることはあるが、三点はほぼ未紹介である。今回筆者が調査した結果、②は富山大学附属図書館医薬学図書館に、そして③は東京大学附属図書館に所蔵されていたことが確認できた。東京大学附属図書館本は、博物学者田中芳男の旧蔵本で、「此書ハ明治十八年二月農務局ニテ博物局員小林常賀ノ蔵本を借寫セシ所ノ寫本ヲ廿三年十二月更ニ同局ヨリ借寫スルモノニシテ著者ノ氏名及ビ年月ヲ詳ニセス或云ク旧幕府ノ頃麴町貝坂邊ニ狆醫者アリ是盡シ其者ノ著述ナラント」とあり、『古事類苑』にも著者について同様の記述があることから、おそらく『古事類苑』の底本である可能性がある。また、①、②はほぼ同文で、筆者は③の由来と品種を除く部分を要約して医学的情報を付加したものと判断している。すでに②の内容を一部紹介したが（岩淵二〇〇六）、今後、③と後述の「狆秘伝書」の全文翻刻とあわせ、稿をあらためて紹介したい。

＊3　「享和壬戌春」（享和二（一八〇二）年春）に「狆の医者で、松蔭堂という人が書いた本」が一部紹介されたことがあり（桃花荘主人一九六四）、引用部分を見る限り、内容が近似している。この書は未確認であるが、「狆飼養書」の原本である可能性がある。

＊4　前稿（岩淵二〇〇六）では、信鴻と町の犬との関係も検討した。その後、仁科邦男『伊勢屋稲荷に犬の糞』（草思社、二〇一六年）が同様の記事を抽出している。なお、同日記から犬の記載を検討した嚆矢は、笠井俊彌『犬たちの歳時記』（平凡社、二〇〇一年）で、前稿執筆時には見落としていた。ここに記してお詫び

としたい。

＊5　鳥屋については、その後赤堀二〇〇七が検討を進めている。

＊6　薩摩藩における狆飼育については、崎山二〇二〇を参照。

（参考文献・史料）

赤堀由佳「江戸時代における狆飼育について」『常民文化』第三〇号、二〇〇七年

朝倉夢声ほか校訂　「犬の草紙」絵入文庫刊行会、一九二六年

荻島大河『江戸のドッグトレーナー』星海社、二〇二一年

岩淵令治「近世後期の園芸文化」『伝統の朝顔』Ⅲ　国立歴史民俗博物館、二〇〇〇年

岩淵令治「江戸時代の犬養育書」『戌年のいぬ』国立歴史民俗博物館、二〇〇六年

岩淵令治「新出史料「狆飼養書」からみた江戸時代の狆飼育」『Ｌｉｆｅ　ｗｉｔｈ　ネコ展』港区立郷土歴史館

斉籐弘吉『日本の犬と狼』雪華社、一九六四年

崎山健文「殿様や姫君に愛でられた犬、狆」『黎明』三八－二、二〇二〇年

白水完児校訂『犬狗養畜伝』『日本農書全集』六〇　農山漁村文化協会、一九九六年

園江稔「ちぬの考解説」『日本狆クラブ会報』二三号、一九七〇年

谷口研語『犬の日本史』ＰＨＰ研究所、二〇〇〇年

塚本学『江戸時代人と動物』日本エディタースクール出版部、一九九五年

桃花荘主人「忘られたか？　足袋毛という名」、『日本狆クラブ会報』一〇号、一九六四年

福田安典「江戸のペット本」『江戸の実用書』ぺりかん社、二〇一三年

港区立港郷土資料館編『江戸動物図鑑―出会う・暮らす・愛でる―』港区立港郷土資料館、二〇〇二年

第六章　薬となった動物たち

重田麻紀

はじめに

・江戸時代の肉食事情

第二章冒頭でも述べている通り、明治四（一八七一）年までは、日本国内では肉食は禁忌とされていた。その歴史は古く、弥生時代後期から、稲作を通じて肉食を忌む傾向が進み、江戸時代に至り、米中心の経済システムの中でさらに強く肉食を忌避していたという（原田、二〇〇九）。しかし、それはあくまで建前上のものであり、実際には野鳥などは一般に食されていたし、獣類についても人々は逃げ道を作りつつ、そして言い訳をしながら食していた。

例えば、安政五（一八五八）年の錦絵に描かれている「山くじら」の看板。何の店だかおわかりだろうか。これは「尾張屋」という獣肉を食べさせる店の看板で、「山くじら」は猪肉を示す（図

図6-1　「名所江戸百景　びくにはし雪中」（安政5年『名所江戸百景』所収）国立国会図書館デジタルコレクション

図6-2　「唐蘭館絵巻（調理室図）」　長崎歴史文化博物館蔵

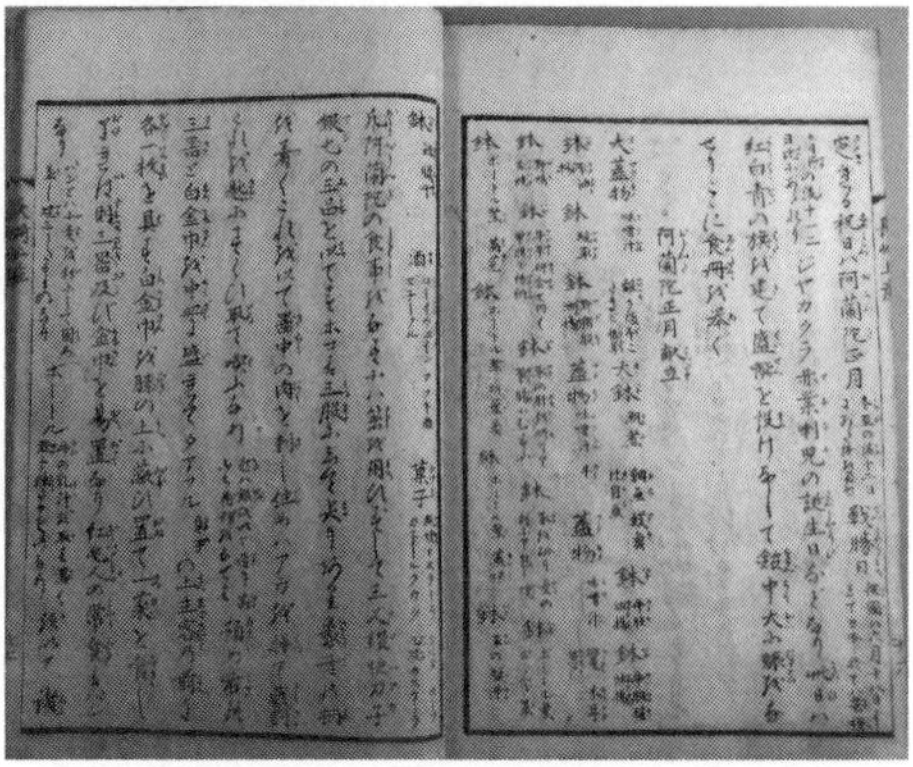
図6－3　『長崎土産』　慶應義塾大学文学部古文書室蔵

6－1）。その他、馬肉は「さくら」、鹿肉は「もみじ」、そして猪肉は「ぼたん・山鯨」といったように隠語を使って獣肉が提供されていた。それが何の肉なのか周知のことであっても、はっきり猪の肉を食べられますよ、とは言わないのである。また食事として食べるのではなく、あくまで病気治癒や健康回復に効果があるから食べる「薬喰い」という言い訳もなされた。社会秩序が緩み始めた江戸時代後期以降には、このような店がだんだんと増えていった（原田、二〇〇九）。

一方、堂々と肉を食べることができた場所もある。オランダ商館の置かれた出島では、オランダ人に現地と同じ食事が摂れるよう、牛・豚・鶏などが食用として飼育され、解体・調理されていた（図6－2）。弘化四（一八四七）年に出版された長崎の地誌『長崎土産』（図6－3）には出島で提供された「阿蘭陀《オランダ》正月献立」が載っており、「雞《にわとり》かまぼこ」・「牛脇腹油揚」・「焼豚」などのメニューが並ぶ。ただし、これはあくまで特殊な例である。

・薬としての役割

江戸時代の人々は、獣肉を食べるために「薬喰い」を言い訳にしたと述べたが、獣類やその他の動物たちは実際に「薬」として流通・活用もされていた。

古来より薬学の知識の多くは中国からもたらされ、多くの医学書や本草書が伝わった。本草学とは、「植物・鉱物・動物などを薬として利用することを考えた学問」（内藤記念くすり博物館、一九九九年）と定義されている。江戸時代には、そこに西洋医学の知識も加わることで、日本の医学・薬学は発展を遂げていく。

このような状況下で、動物たちはどのように薬にされ、その薬はどのように人々に浸透したのであろうか。ここでは、「獺」・「熊」・「一角」の三種に注目して見ていきたい。

一　獺

獺の概要

・現代人の獺に対するイメージ

獺《かわうそ》は「川獺」とも表記され、呼び方は「かわうそ」のほか、「うそ」・「おそ」、方言では「かわそ」・「かうそ」などということもある。本書では統一して「獺」と表記することとする。

我々が獺を実際に目にする場所は動物園や水族館であるが、近年ではペットにしたり、動物カフェなどで飼育されたりすることもあるようだ。また、獺を模したキャラクターなども人気を博しているらしい。総じて、獺のイメージは「かわいい」・「癒し」といったところであろうか。そんな獺が食用にされたり、薬用にされた、といったことは想像しにくいだろう。

・獺の生態と現状

『日本大百科全書』によると、獺は「哺乳綱食肉目イタチ科」の動物で、オーストラリア・ニュージーランド・マダガスカル島・北極・南極地方以外に生息する、とされる。また、生息場所は河川・湖沼・海岸で、水中での活動が多く、夜行性。色は上面が黒褐色・下面がやや明るい褐色。胴

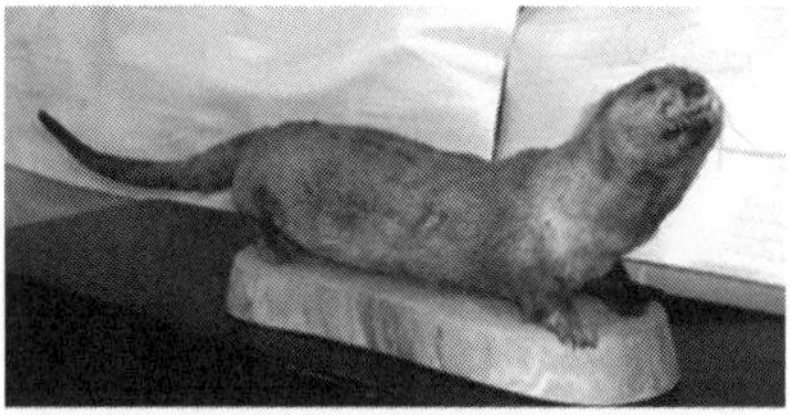

図6−4　ニホンカワウソの剥製
（高知県立のいち動物公園 HP より）

図6−5　愛らしいコツメカワウソ
（写真提供：市原ぞうの国）

長で四肢は短く、頭から胴までの体長が六〇～八五センチ、体重が四～一〇キロ程度である。明治初期まで日本各地には「ニホンカワウソ」が生息していたが、平成二十四（二〇一二）年には環境省より「絶滅」との判断がなされている。絶滅に至った理由は複数推測されるが、本書で紹介するような「薬」として肝臓が用いられたことや、毛皮を求めるための乱獲といった人的要因が理由の一つと考えられている。

よって、我々が動物園・水族館で目にするのは、ニホンカワウソではなく、「ユーラシアカワウソ」・「カナダカワウソ」・「コツメカワウソ」など外来のものであり、ペットにされるのも「コツメカワウソ」が主である。

江戸時代以前の獺

・獺を贈る

西国の戦国武将として有名な毛利元就の三男であり、小早川家を継いだ小早川隆景が、長兄の毛利隆元に宛てた書状（『大日本古文書　家わけ第八　毛利家文書之三』「八一七　小早川隆景自筆書状」）の中に獺が登場する。手紙の内容は元就の次男、つまり二人の兄弟であり吉川家を継いだ吉川元春《きっかわもとはる》の体調が思わしくないことを綴っているものである。なかなか元春の「所労《わずらい》」（＝病気）が良くならないことを気の毒に思った隆景が、「今日も獺以下持せ進之候」と元春に獺を贈ったことが記されており、獺が当時滋養強壮ないしは体調不良に対する食材・薬として、実用的に利用されていたことがわかる。また、「今日も」とあることから、これまでにも複数回にわたって贈っていたと考えられる。

どのような形態で獺を贈ったのか書状からは判然としないが、調理して贈ることは考えにくいので、粉末状もしくは何らか腐らないような処置をして贈ったと考えるのが現実的である。

それにしても、獺は頻繁に贈ることができるほど流通していたのであろうか。

・獺でもてなす

同様に毛利家に関わるが、獺が食事の一品として提供されたことを示す文書も残されている（東京大学史料編纂所所蔵益田家文書「益田藤兼・同元祥安芸吉田一献手組注文」図6－6）。戦国動乱の中で、同盟相手であった大内氏が滅亡したことにより孤立してしまった石見の戦国武将益田藤兼が、毛利元就との緊張関係を何とか改善することを望み、永禄六（一五六三）年に今後の協力を誓うことで和睦がなされた。そして五年後にはより関係を強固にするために、子の次郎（後の益田元祥）を伴い、毛利元就の居城である吉田郡山城（現在の広島県安芸吉田市）を訪れ、毛利一族や重臣に種々の贈り物をし、豪勢な料理を振る舞った。

その初献に「川おそ」（＝獺）が登場する。「御しる」とあるので、獺はお椀として提供されたようである。

また、天文十八（一五四九）年に毛利元就が大内義隆を訪問した際、義隆が開いた饗宴記録の中にも獺が登場する。こちらでは、三の膳に「御しる」として「獺ニ大こん入」が登場しており、や

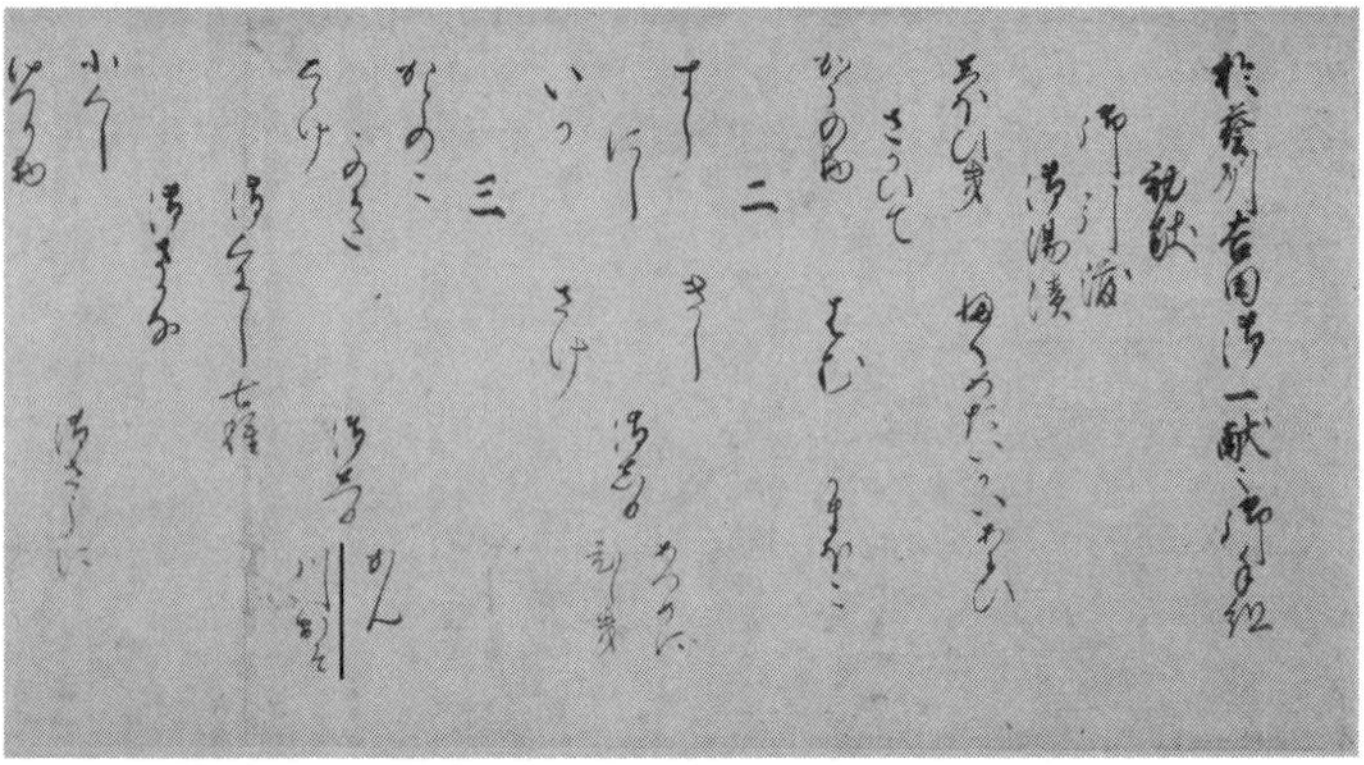

図6－6　「益田藤兼・同元祥安芸吉田一献手組注文（部分）」（永禄11年2月10日）左下、初献の三の膳に「川おそ」がある（傍線部）東京大学史料編纂所蔵

はりこちらもお椀としての提供であったようだ（渡壁、二〇二二）。これは後述の『料理物語』に登場する獺の調理法と一致している。

毛利元就は大内にも益田にも饗応されたわけだが、この大事な饗応シーンのどちらにも獺が登場するということは、それだけ獺が高価、ないしは手に入りにくく、相手から喜ばれる食材であったということの証左であろう。

江戸時代以前から獺は珍品として提供されたり、薬のような扱いをされたりしたようである。中国の思想に倣った「医食同源」という言葉があるが、獺もその概念に近い利用のされ方をしていたのかもしれない。それでは江戸時代、獺はどのような形で人々の前に登場したのであろうか。

江戸時代の獺

・江戸時代の料理本と獺

江戸時代、特に一七世紀前期の料理本にも獺は登場する。そのなかの一つ、『料理物語』(慶應義塾図書館蔵、一六四三年)の獺についての記述をみてみよう。「かハうそ」は獣類の項目に登場し、「汁」もしくは「かいやき」にして食すとある。同じくかいやきにするものとしては、「かのしか」・「くま」・「いぬ」などがある。「かいやき」とは貝焼きと考えられ、ホタテ貝やアワビの貝殻を鍋にして煮込むという調理法である。

また巻末には、「飲食之慎」・「合食(=食べ合わせ)禁」、そしてそれぞれの食材の等級が書かれており、獺は、「獣類」の中で、牛や羚《かもしか》などと共に「上食之分」、つまり上等な肉に分類されている(ちなみに中食には鹿や猿、下食には猪や狸が分類されている)。「飲食之慎」としては、獺だけでなくその他の肉類すべてについて、人の汗が付いた肉や、死んでしまった獣の肉を食べると「疔瘡《おでき》」ができるとしている。

『料理物語』のほか『和歌食物本草』(一六三〇)、『本朝食鑑』(一六九七)など近世前~中期の料理本には獺が登場するが、一八世紀以降の『料理集』や『黒白精味集』などの料理本には獺の記述がみられない。対照的に、「はじめに」で記した「山くじら・ぼたん」と呼ばれた猪、「もみじ」と呼ばれた鹿については、ここに挙げたいずれの料理本にも登場している(松下、二〇一二)。

料理本に載っていないからといって、獺は近世後期になると全く食される機会がなくなった、ということではない。しかし、公然とは獣類を食すことのできない時代である。獺は食すよりも、「薬」という別の形で江戸時代の人々の生活に馴染んでいったのであろう。

・薬となる獺

獺が薬として使われるのは主に「獺肝《たっかん》」つまり獺の肝、肝臓である。その歴史は古く、国内では「延喜式」（平安時代に編纂された法典）に宮中で使用した薬のリストがあり、そこに「獺肝」が登場する。また、三世紀の中国の医書で、漢方について記載されている張仲景著『金匱要略《きんきようりゃく》』には「獺肝散」として記載され、熱のない病や、結核のような感染症を治すとされる。用法としては、一匹分の獺肝を炙り乾燥粉末にして、一回方寸の匕《さじ》一杯を水で一日三回服用すること、とある。『大漢和辞典』によると、方寸匕とは薬剤の量を示し、「一茶匙」つまり茶匙一杯と同じであるから、二・五ccの量をイメージするとよい。

・『和漢三才図会』の記述

大坂の医師寺島良安によって編纂され、正徳二（一七一二）年に成立した百科事典『和漢三才図会』の「巻三八　獣類」に、獺についての記載がある（以下、『和漢三才図会』の現代語訳は東洋文庫版による）（図6－7）。ここには、水獺（かハうそ）とあり獺肝だけでなく、獺肉・獺胆の三種についてそれぞれ効能が記されている。獺肉は、「疫気、温病および牛馬のはやり病、女子の経脈不通、大小の便秘を治す」とある。疫気とは、伝染性が強く、毒性が強烈な邪気、温病とは、体の熱感やのどの痛み、頭痛などの風邪症状を指し、女子の経脈不通とは血や気の巡りが悪いという意味だと

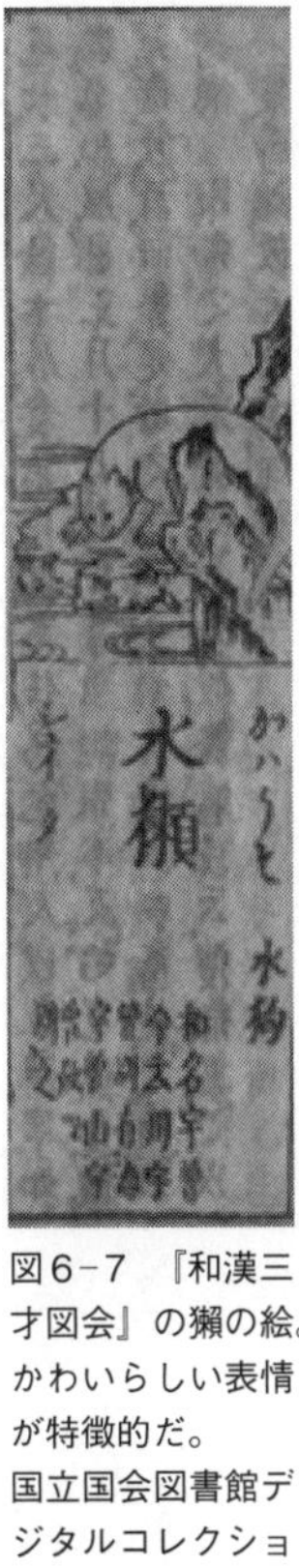

図6－7　『和漢三才図会』の獺の絵。かわいらしい表情が特徴的だ。国立国会図書館デジタルコレクション

推測される。獺肝は、「虚労（過労による衰弱）、咳嗽（痰せき）、伝尸病（結核性伝染病）を治す」とある。また、ここには「肝一具（一匹分）を陰乾しにして粉末とし水で服用する。方寸の匕の量で日に三度服用し、癒えるとやめる。」とあり、この部分の記述は『金匱要略』と一致していることからこれを参照していたことがわかる。獺胆は、「眼が翳《かす》んで眼の中に黒花や飛ぶ蝿がチラチラ見え（飛蚊症）、物がはっきりと見えないのを治す。点薬中に入れるとよい。」とあり、眼病にも有効だったことがわかる。

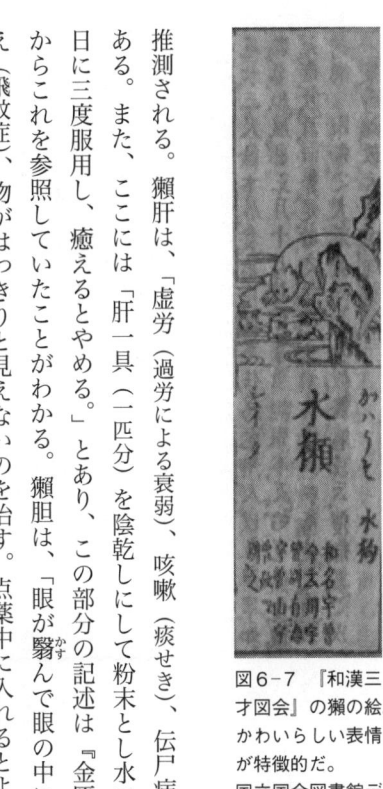

・『摂津名所図会』の獺

寛政八（一七九八）年に成立した『摂津名所図会』（巻之四）には、高津《こうづ》宮（現在の大阪市中央区）の石段下にあった、黒焼屋が掲載されている（図6－8）。『角川古語大辞典』によると、「黒焼」は「漢方薬で、草木・鳥獣・虫魚などを土器に入れて黒く蒸し焼きにすること。また、その薬。」とある。現在でも幾種類かの黒焼は漢方に用いられているようである。看板には「萬《よろず》黒焼所」とあり、「高津宮の下、黒焼屋の店には、虎の皮・豹の皮・熊の皮・狐・狸までも軒につりて、諸鳥は

図6−8　『摂津名所図会（巻之四）』の黒焼屋。店の左の方に「川うそ」が吊されている。 慶應義塾大学文学部古文書室蔵

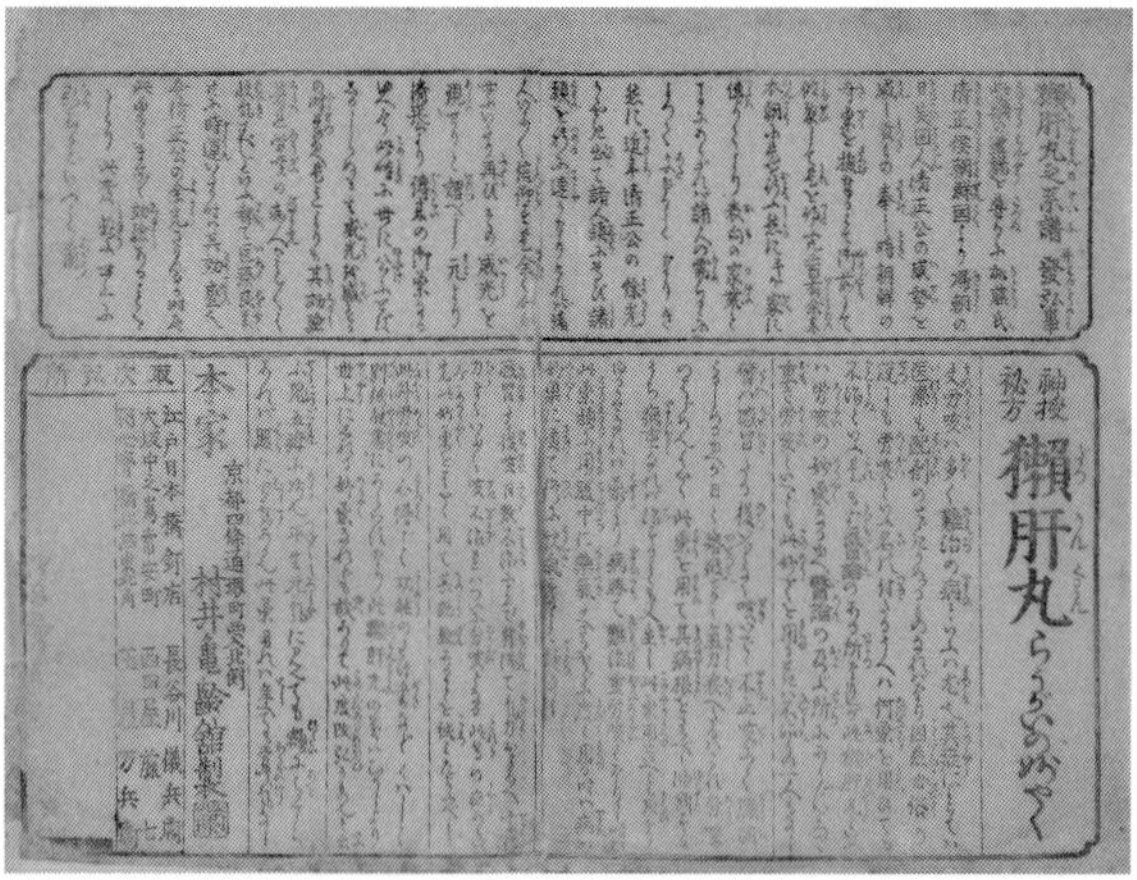

図6−9　獺肝丸の引き札　名称のすぐ下に「らうがいの妙やく」と書かれている。 国際日本文化研究センター宗田文庫

迦陵頻伽《かりょうびんが》と鳳凰ハなけれども、其外ことごとく双べて自在なり。黒焼ハ大きなるものハ大鵬の翼、小きものハ蝸牛の角の国争ひまでも黒焼にして、店前に其鍋を飾りめざしくほど双べ商ふなり。」と解説がある。絵には、軒先に丸ごと吊るされた狐・狸・兎、その下には「川うそ」の立て看板があり、獺がまるごと、それ以外にも何かの鳥がみえる。また、既に黒焼にされているのであろうか、真っ黒な鳥か爬虫類のようなものもみられる。店先にはそれらを指さして歓談する客、眺める客、粉状の黒焼を購入する様子などなかなか賑わっている。

また、店の中には鍋が並べられてその横には粉末にするための薬研《やげん》が置いてある。すでに粉状にして販売の準備はされているのだろうが、その前の段階のものを店先に並べているのは客寄せのためであろうか。江戸時代の薬にはまがい物も多く、粉末になってしまってからでは本当にその動物が使われたのか真偽が定かでなくなってしまうため、本物の証明の意味もあったのかもしれない。

・獺肝丸の引き札

黒焼屋のような特殊な店に行かなくても、獺肝を配合した薬は手に入ったようである。ここに示すのは薬の引き札である（図6－9）。引き札とは、江戸時代の宣伝チラシのことである。名称は「獺肝丸《だっかんがん》」、その下には「らうがいの妙やく」つまり労咳＝結核によく効く薬とある。京都の「村井亀齢館」というところが製造元で、江戸日本橋、大坂中之島、大坂心斎橋などに取次店がある。「結核はどんな薬をもってしても不治の病と言われていたが、獺肝散を用いると治らない人は一人もいない」と効能を述べている。さらに、「病が重くなってからでは遅いので、そんな時は飲む頻度を増やすことで病に打ち勝つことができる」とする。

この薬の由来は、加藤清正が文禄・慶長の役から帰国する際（どちらの役かは不明）に、清正の威勢に感銘を受けた朝鮮人から贈られたとしている。製造方法や調合などは明らかではない。

・江戸時代の獺とは

これまでみてきたように、獺は薬として往古より認知されており、食材としても貴重なものとして扱われていた。ただ、江戸時代に入ってからは主として薬、とくに結核に効く薬として獺肝が流通したと考えられる。

現在では愛でて「癒される」存在の獺であるが、江戸時代はまさに病を「癒す」存在だったのである。

二　熊

熊の概要

・現代人と熊

本節では熊を取り上げる。前節の獺に比べると、熊は現在日本で「ジビエ」料理として食されていたり、中国では「熊の手」が貴重かつ珍しい伝統食材であったりと、「食べる」ということにさ

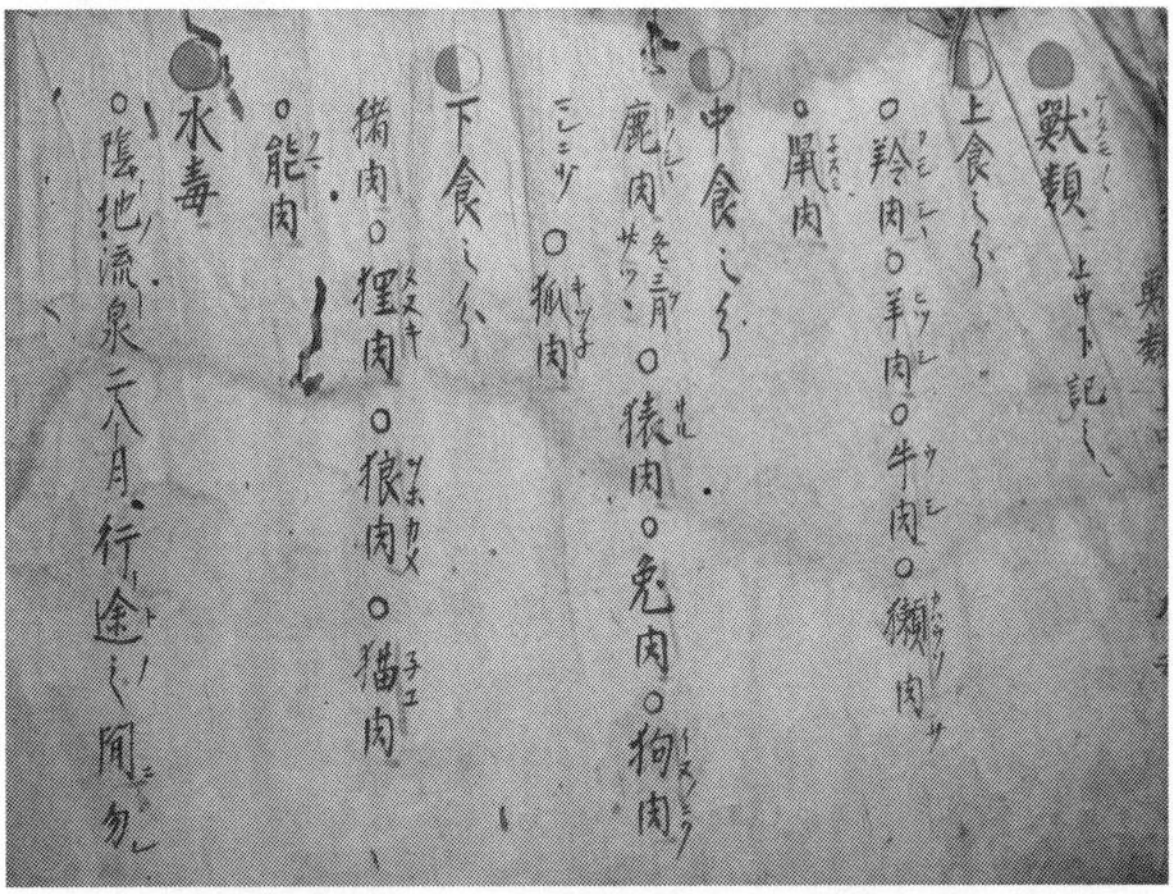

図6－10　『料理物語』「能」と漢字を間違えているが、ルビに「クマ」とあるように「熊」を指している。 慶應義塾図書館蔵

ほど違和感のない生き物なのではないだろうか。
また、薬用としても、熊の胆嚢《たんのう》である「熊胆《ゆうたん》」（「くまのい」とも読む）は比較的広範に知られており、古代から現在に至るまで漢方薬の生薬として用いられている。

現在日本では、北海道にヒグマ、本州や四国にはツキノワグマが生息している。このあと紹介する江戸時代の版本には「月の輪の少し上が急所である、月の輪を狙う」などといった記載があり、当時捕られていたのはツキノワグマだったことがわかる。

・食される熊

前節でも紹介した『料理物語』には熊も登場する（図6－10）。熊の食し方は「すい物・でんかく・かいやき」とある。「すい物」は吸い物、「でんかく」は田楽、そして「かいやき」は獺同様、貝殻を鍋代わりにして煮込むものである。等級は

図6−11　熊胆（写真提供：成光薬品工業株式会社）

「下食」に分類されており、当時は残念ながら上等な肉という扱いではなかったようである。そして、獺同様、江戸時代後半の料理本にはあまり記述が見られなくなる（松下、二〇一二）。

・熊胆の効能と現在

熊胆は熊の胆汁が入った胆囊を乾燥させたもので、古来より健胃薬等として使われてきた（図6−11）。現代医学による分析では、その効果は利胆作用（胆汁分泌を促進させる）が主であり、熊胆の主な成分はタウローウルソデスオキシコール酸であることがわかっている。これをアルカリ分解することによって得られるウルソデオキシコール酸は肝機能改善薬として知られ、また合成物も存在し、多くの胃腸薬に配合されているという（成光薬品工業株式会社ホームページ）。熊胆そのものも流通してはいるものの、大変希少であり、牛などの他動物の胆囊が代用されることもある。

『日本山海名産図会』にみる熊胆

『日本山海名産図会』は寛政十一（一七九九）年に初版が出され、日本各地の産物の採取や生産の様子を図解した全五巻の版本である（文化遺産オンラインの解説）。山地の産物を紹介した第二巻に熊・熊胆について記されている。

・熊の捕え方

近年、人が熊に襲われた、などのニュースをよく耳にする。実際に山で遭遇した人は多くはないだろうが、熊が人間にとって簡単に近づけるものではないことは自明である。江戸時代の人々はそんな獰猛な熊にどのように近づき、熊胆を捕ったのだろうか。

『日本山海名産図会』には、熊を捕まえる方法として三種挙げられている。

① 熊を罠にかけて捕る方法（図6－12）

竹を並べ二間（約三・六m）ほどの長さの筏状の仕掛け（本文中では「機《おし》」とある）を作り、釣り上げた上には大きな石を二〇荷（＝一人が担げるものの量を示す単位）乗せる。下には鹿肉を燻したもの・柏の実・シヤシヤキ（＝ヒサカキ）実などを置き、熊をおびき寄せる。仕掛けを落とすと熊は逃れようとして三日ほど動いているが、動きがなくなってから仕掛けを除けると、熊は土の中に一尺（約三〇センチ）くらい埋まって息絶えている。

図6－12　①熊を罠にかけて捕る方法『日本山海名産図会』
慶應義塾大学文学部古文書室蔵

図6－13　②洞の中にいる熊を捕る方法『日本山海名産図会』
慶應義塾大学文学部古文書室蔵

図6－14　③斧で熊の手を撃ち捕える方法『日本山海名産図会』
慶應義塾大学文学部古文書室蔵

②洞の中にいる熊を捕る方法（図6－13）

熊は洞に住み眠る動物なので、丸太で格子を作り、洞の入口を閉じてしまう。格子の間から木の枝を中に入れると、熊はどんどん中へ引き入れるため、洞の中は枝だらけになり自ずと熊が入口付近に出てくる。それを槍や鉄砲で仕留める。

③斧で熊の手を撃ち捕らえる方法（図6－14）

熊の巣穴の左右それぞれに、大きな斧を持って待機しておく。別の二人が長い樹を巣穴に向けて突いていくと、熊は樹を中に引き込もうとするので、様子を見ながら樹に手をかけているところを狙って、左右に控えていた二人が斧で両手を打ち落とす。熊は手に力があるため、勢いがなくなってしまうので、そこを捕まえる。

表6−1　『日本山海名産図会』に基づく熊胆の品質ランク

品質	地域
上品	加賀
上品に次ぐ	越後・越中・出羽
その他の産地（中品）	四国・因幡・肥後・信濃・美濃・紀伊
下品が多い	松前・蝦夷

いずれの手法も、かなり残酷な様子である。また、罠はともかく、他の二つの手法は、一歩間違えれば人間の命が危うくなるようなものである。しかし、危険を冒してまでも捕まえたのは、熊胆が貴重なものであったからに他ならない。

・**熊胆の品質**

熊胆の良し悪しについての記載をまとめたのが表6−1である。

最も品質が良いとされるのが加賀（石川県南部）産のものであり、その中でも「黒様・豆粉様・琥珀様」のもの、つまり黒色か黄粉のような色、もしくは琥珀色の三種が特に上品だとしている。

次に、越後（佐渡を除く新潟県全域）・越中（富山県）・出羽（山形県および鹿角市・小坂町を除く秋田県全域）と続くが、ランク付けには注釈もあり、あくまで一般的なもので、加賀産だからといって必ずしも上品とは限らず、逆に松前産だからといって必ずしも下品とは限らない。個体差・季節・捕る人の手練等により違いが出る、としている。

また、捕る季節によって違いが出るとしたが、熊胆は「夏胆《なつのい》」と八月以降の「冬胆《ふゆのい》」に分けられ、冬胆のほうが皮が薄く胆汁が満ちていて上品であるという。しかし、加賀産琥珀様に関しては、夏のものでも冬胆以上の品質であるとあり、かなり貴重な品だったことが推測される。

捕らえ方と品質との関連は、「槍や鉄砲で一気に仕留めてしまうと胆がとても小さいので、苦しめて興奮させてから討ち取ったほうが良質な胆が取れる」という記載もあり、わざと苦しめるような捕り方をしていたのかと考えると熊が気の毒にもなる。

・偽物を見破る方法

これだけ貴重な熊胆であれば、当然偽物も流通する。『日本山海名産図会』には「試真偽法《にせをこころみるほう》」といって、本物か偽物かを見分ける方法、そして本物の中でも上品かそうでないかを判断する方法も記載されている。

本物は、米粒大を水面に落とすと、一筋の糸のように下に落ちていくとしている。他にも苦みの違い（ただ苦いだけではだめで甘みも感じる）などで見分ける方法があるが、これは教えられるものではなく経験として培っていくものだそうだ。

逆に偽物を作る方法も記されている。まったくの違う原料で作るものから、本物の胆皮のなかに偽物を入れたものまであり、それにはかなり騙されるらしい。

・『和漢三才図会』にみる熊胆

最後に、『日本山海名産図会』にはない情報が『和漢三才図会』に掲載されているので紹介しよう（図6－15）。ここでは、熊の捕り方について、鉄砲で撃ち取る、落とし穴で生け捕り、追い捕らえる、洞穴で捕る、の四種類を挙げているが、鉄砲や落とし穴で捕ると胆は良い状態であるが、

図6－15 『和漢三才図会』の熊の絵 国立国会図書館デジタルコレクション

『日本山海名産図会』の②にあたる、洞穴で捕る方法は、熊が疲労してしまい胆がやせ細るとしている。また、胆の位置について、時節により春には首の近く、夏には腹、秋は左足、冬は右足と移動するという。この情報も胆を傷つけないで熊を仕留めるのに有益だった。

熊は江戸時代を通じ食されてはいたが、むしろ、良質な熊胆を得るためにいかにして熊を捕まえるか、という方に注目されていることからも、熊胆のニーズと希少性がよくわかる。

三　一角（イッカク）

一角とユニコーン

・伝承の最強動物ユニコーン

獺や熊とは少し趣が違うが、架空・伝説の動物がきっかけとなり、薬として用いられるようになった「一角」について紹介したい。

ユニコーンという名前を耳にしたことがあるだろう。「一角獣」とも呼ばれる架空の動物である。『世界大百科事典』によると「ヨーロッパで力と純潔の象徴とされる架空の動物」・「馬の額に長い角を生やし、山羊の髭、割れたひづめを持つ獣の姿で図像化される」とあり、古くは旧約聖書にも登場する。その中では非常に強い動物として描かれるが、清純な乙女の前でだけは大人しくなるという。その様子は中世ヨーロッパの絵画にもしばしば登場する。

また、ユニコーンの長い角には解毒作用があるとも伝承され、実際に粉末にして服用されていたというが、これは大変不可解な話である。なぜ架空の生き物であるにも拘らず、その角が流通し、服用することが現実に起こっていたのであろうか。

ユニコーンの正体

・江戸時代の長崎貿易

この疑問に対する答えが江戸時代の長崎貿易にある。

江戸時代の「鎖国」は、海外からの渡航や取引を完全に禁ずるものではなく、長崎の出島をはじめとした「四つの口」（長崎・対馬・薩摩・松前）に限定して対外関係を持つという幕府による政策である。出島では、中国・オランダとの貿易がおこなわれていたが、江戸時代中期以降の主要輸入品の一つに薬の材料・原料となる「薬種」があった（小山、一九九九・二〇〇六）。

中国貿易においては、梅毒の治療薬である「山帰来《さんきらい》」、鎮痛作用や咳を鎮める効果のある「甘草《かんぞう》」、下剤となる「大黄《だいおう》」など、多くの薬種が取引されていた。現代でも漢方薬の名称になっているものもあり、ご存知の方も多いのではないだろうか。

・ウニコールとはなにか

一方、幕末期になるとオランダを窓口として西洋からの薬種が多く取引されるようになる。そのなかでも最も輸入量が多かったのが「サフラン」である。サフランはサフランライスなどで名称を聞いたことがあるだろう。料理の風味付けや黄色の着色料として、スーパーの香辛料コーナーで購入することができるが、瓶の中にほんの少量の赤く細い紐のようなものが入って販売されている。これはめしべを乾燥させたものであるが、一〇〇キロの花に対して一キロ程度しか取れないため、大変高価である。薬用となる場合も利用されるのはめしべであり、乾燥させたものにお湯を注いで飲む。現代医療においては、鎮静・鎮痛効果や更年期障害・月経不順解消といった婦人科の病に用いられるが、当時は発汗・解熱の効能があるとされ重宝された。

次に輸入量が多かったのが、「ウニコール」とも呼ばれた、先に紹介した伝説の動物ユニコーンの角である。「おかしなことを言うな。まさか、架空の動物が幕末の日本に大量輸入されていたはずはない」とお思いであろう。実はこの正体はユニコーンではなく、一角という哺乳類で鯨の一種であった。『日本大百科全書』によると一角は体長五メートル程度まで成長。頭から一本の角が生えているように見えるのは左上あごの第一歯が成長した牙であり、この部分がユニコーンの角、ウニコールとして輸入されていたのである。そして、粉末にされたものが解熱や鎮静作用がある薬種として珍重されていた。

ちなみに、一角は北極海で氷の下に生息しているというが、現在では地球温暖化の影響で氷が溶けだし住む場所が失われつつあるという。そのため個体数も減少し、現在では一部地域の食用とされているものの、薬種としてはほとんど取引されていない。

当時の日本人はユニコーンの存在を信じていたのであろうか。それとも、ウニコールが一角の牙だと知っていたのだろうか。

ウニコールに対する認識の変遷

・『大和本草』にみるウニコール

江戸時代中期に貝原益軒という本草学者がいた。貝原は日本国内において本草学《ほんぞうがく》を確立し、十八巻（うち付録二巻）からなる『大和本草』（宝永六（一七〇九）年刊行）という本草書を成立させた。そこには、中国伝来のものに加え、日本特有のもの、西洋からの輸入品を合わせた計一三六二種が掲載されており、日本人による最初の本草書とされている。その「巻之十六　獣類」にウニコールが登場する。そこには、ウニコールの正体を「一角ヲウニカウルト云、是一獣ノ角ナリ、其獣ノ名シレズ、犀角ノ類ナルヘシ」とある。内容をみると、一角をウニコールと呼んでいる、とあり、一角＝ウニコールという認識があるとわかる。次に、それは獣（＝四足歩行の哺乳類）であるとしているが、その角を持つ生き物の正体がどんな動物かはわかっておらず、犀の仲間だろうとしている。また「蛮国ヨリ来ル」、つまり外国より輸入されたものであること、解毒作用があること、なども記されている。

つまり、『大和本草』が書かれた江戸時代前期においては、ウニコールの存在自体は認知されていたものの、それが何の角（正確には牙）なのかは、本草学者ですら認識していなかったのである。ただ、ウニコールに解毒作用があるということのみ認知されて、流通していたことが推測される。

・オランダでの認識

それでは、輸出元であるオランダではどうだったのだろうか。岸田知子氏によると、当時、オランダの本草学書には、「イッカクとおぼしきものはウニコールといい、伝説の一角獣の角である」という記載があるという（岸田、二〇一〇）。つまり、西洋では伝説の動物ユニコーンの角として、イッカクの角（正確には牙）が流通していたのである。西洋でこのような状況であれば、日本国内なぞ当然正体を知る人などいなかったであろう。いったい日本人はいつ、ウニコールが一角の牙だということを知るのだろうか。

・『和漢三才図会』にみるウニコール

ここにもウニコールが登場する（図6－16）。分類はやはり「獣類」。一角の文字の横に「うんかふる」・「はあた」と振り仮名がある。また、ウニコールを宇無加布留《ウンカフル》と表記。一角という文字は出てくるものの、挿絵には角だけが二本描かれ、どんな生物の角なのかはわからない。そして冒頭には、「恐らくこれが犀の通天と称するものであろうか」とある。これはどういうことなのだろうか。

　犀についてはウニコールの一つ前に記載がある。犀の頭には二つの角があり（種類により一つの場合もある）、額のほうにある短い角を「通天」と呼ぶらしい。この通天には、「千歳を経ると長く鋭《とが》り、その先端に白星のようなものがあらわれる。この白星は先端の角を透徹しそこから気を出す。通天は神に通じるということで、よく水を退け、水を入れると水は三尺退き開くという。屋上に置いておけば烏や鳥はあえて集まってこようとしない。夜みると光を放っており、夜露にも濡れない。薬に入れると大変神験がある」とあり、随分と神秘的なものとして描かれている。薬としての効能は具体的には書いておらず、他の薬に加えることで、不思議な力を発揮するという。

　この不思議な力を持つ犀の通天がウニコールなのかもしれない、と『和漢三才図会』には記されているのである。ただ、ウニコールの項目には、「阿蘭陀《オランダ》の交易船がたまたま来航したとき持ってくるが、官物（貢納品）としている。だから普通には得がたい」とあり、また、「価も大へん貴い」ので、そのために「白犀の角を充用している」と別物であると理解しているような書き方もしてい

図6-16『和漢三才図会』の一角の絵　国立国会図書館デジタルコレクション
他の動物は全身が描かれているが、一角は角（牙なのだが絵だと明らかに角）しか書かれていない。

る。おそらく著者の医師寺島良安も、ウニコールの正体について獣類だとは考えていたが、よくわからないまま書き進めていたところがあったのかもしれない。

・『一角纂考』の登場

江戸時代中期の著名な蘭学者であり、救荒作物としてサツマイモ（甘藷）を広めた青木昆陽は、オランダ通詞が翻訳した書の中に、ウニコールの正体が北海の魚の一角である、という説があったにも拘らず、「信ズベカラズ」として、真実にたどり着くことはなかったという（岸田、二〇一〇）。

時代は少し下って寛政七（一七九五）年、大坂の木村蒹葭堂《けんかどう》という人物が『一角纂考《いっかくさんこう》』という書物を出版した（図6－17）。木村蒹葭堂は、蘭学者でも医者でもない。造り酒屋の家に生まれて、書籍を収集し広い知識をもった、いわゆる文化人であった。文化人の特色として広い人物交流が挙げられるが、蒹葭堂も例外ではなく、かなりの人脈があったようだ（有坂、二〇〇四）。その彼が興味を示したのがウニコールであった。先に記したように、当時の日本ではウニコールは一角獣ユニコーンの角である、という説明がまかり通っていた時代である。彼は交友関係のあった著名な蘭学者大槻玄沢の協力を得て、ウニコールについて書かれた書物を種々調査した結果、ウニコールが一角という魚の牙であることを突き止めたのである。ユニコーンについては「一角獣」、一角については「一角魚」と記しており、図画も提示し別物であることを明記している。

・ウニコールと江戸時代の人々

『一角纂考』の登場によって、ウニコールが一角の角であるということが江戸時代後期になってや

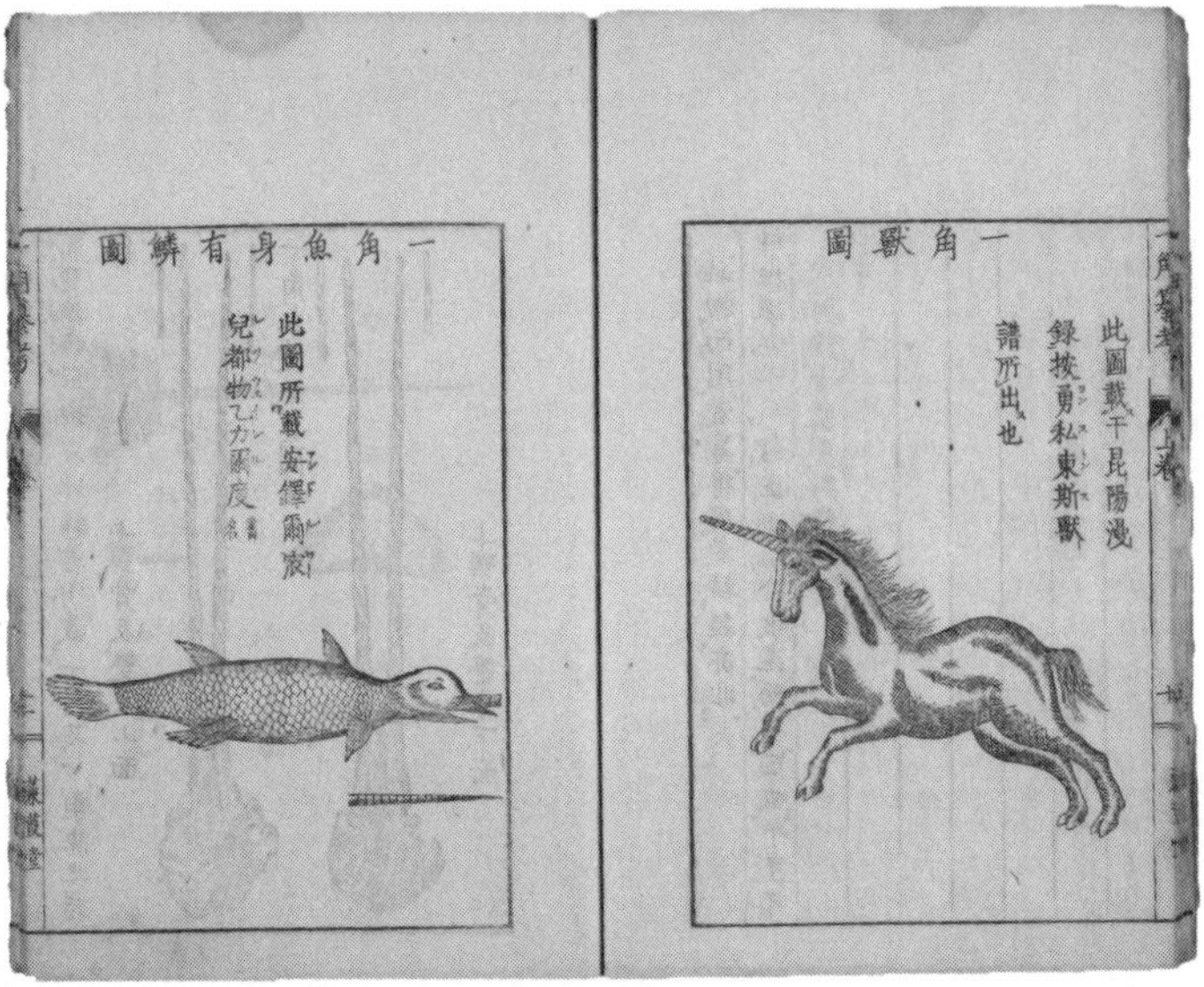

図6−17 『一角纂考』 京都大学付属図書館蔵

っと日本国内で周知された。現代人の感覚で考えると、日本にウニコールが入ってから随分長い間、その正体も知らずによく薬として服用できたものだ、と一種あきれたような感覚を持ってしまうかもしれない。ただ、現代と比べると極端に情報量が少ない江戸時代においては、病になったとき、効能があると言われればそれにすがるしか方法はなかっただろう。いろいろな学者や文化人、医者が未知なるものと向き合い、少しずつではあるが、正確な情報を受容することができるようになったのである。

幕末期になるとウニコールの輸入量が増えているという研究結果がある（小山、二〇〇六）が、これはウニコールの正体が判明したから、ということではなく、種々の病が流行する中で、解熱・鎮静という作用が求められていたという背景が影響しているようだ。

ウニコールを辞書で調べると、何番目かの意味に「うそ」とある。これは偽物のウニコール、つまり一角の牙でないものが多く流通していたことに由来するという。江戸時代の薬は粉末状になったものを手にすることが多いので、熊胆のような見分ける方法が周知されていない限り、一般には本物か偽物か判断することは難しかったであろう。また、「病は気から」という言葉があるように、効果があると信じ偽物の薬を飲んだことで、治ったような感覚を持った人も中にはいたかもしれない。悲しいかな、やっと正体がわかったのに、結局服用した薬が「ニセモノ」だったという笑えない現実もあったであろう。

おわりに

・「薬となった動物たち」の江戸時代とは

獺・熊・一角が、それぞれ獺肝・熊胆・ウニコールという江戸時代の人々になくてはならない薬として、求められてきた様をみてきた。逆に言えば、彼らにとっては人間に狙われてしまう受難の時代であったと言えるのかもしれない。

ただ、医学や薬学が発達していない江戸時代の人々にとって、このような薬は大変貴重であり、また人々が生きるためにすがりたいものであり、そして実際に人間の命を救ってくれた存在でもあった。「墓」を建てるというところまではいかないが、江戸時代の人々は供養と感謝の念を彼らに対して持っていたはずである。

（参考文献）
有坂道子「木村蒹葭堂の交友と知識情報」『国立歴史民俗博物館研究報告』一一六号、二〇〇四年
岸田知子『漢学と洋学　伝統と新知識のはざまで』大阪大学出版会、二〇一〇年
国文学研究資料館国書データベース（https://kokusyo.nijl.ac.jp/）『大和本草』
小山幸伸「幕末期長崎落札貨物の動向」『経済文化研究所紀要』四号、一九九九年
小山幸伸『幕末維新期長崎の市場構造』御茶の水書房、二〇〇六年
島田勇雄ほか訳『和漢三才図会6』平凡社、一九八七年
JapanKnowledge『日本大百科全書』（「カワウソ」・「ニホンカワウソ」・「イッカク」の項）、『大漢和辞典』（方寸ヒの項）、『角川古語大辞典』（黒焼の項）、『世界大百科事典』（ユニコーンの項）
成光薬品工業株式会社ホームページ（https://seikoyakuhin.co.jp）生薬・原料の紹介
東京大学史料編纂所編『大日本古文書　家わけ第八　毛利家文書之三』東京大学出版会、一九七〇年
内藤記念くすり博物館『平成十一年度企画展図録　薬の神様・神農さんの贈り物　～本草の世界を見つめる～』内藤記念くすり博物館、一九九九年
原田信男『江戸の食生活』岩波現代文庫、二〇〇九年
松下幸子『江戸料理読本』ちくま学芸文庫、二〇一二年
渡壁奈央ほか「『元就公山口御下向之節饗応次第』に記された戦国期毛利氏の饗応献立の再現とその活用」『会誌食文化研究』No.18、二〇二二年

Interlude 4　象との出会い

上野大輔

明治時代より前の日本の人々と象との出会いは、どのようなものであったのだろうか。

史料から判明する限り、象が初めて日本にやって来たのは応永十五（一四〇八）年である。この年の六月二十二日、若狭国（現在の福井県）に「南蕃船《なんばんせん》」が到着し、その船に積まれていた「日本国王」への進物等の中に象一頭が含まれていた（「若狭国税所今富名領主代々次第」）。この象は、同十八年に室町幕府将軍の足利義持から朝鮮国王へ贈られている（國原美佐子「十五世紀の日朝間で授受した禽獣」）。

時代は下って天正三（一五七五）年、豊後国臼杵（現在の大分県臼杵市）に明船が到着し、大名の大友宗麟へ動物を贈ったが、この中にも象一頭が含まれていた（磯野直秀「明治前動物渡来年表」）。また、アビラ・ヒロン『日本王国史』によれば、慶長二（一五九七）年、マニラ総督のドン・フランシスコ・テーリョが豊臣秀吉に使節を派遣し、その際の進物に象一頭が含まれていた。秀吉は、大坂で象を見て喜んだようである（『大航海時代叢書XI』）。この象は京都へ連れて行かれ、禁裏をはじめ各地を移動し、大勢の見物人で賑わったようである（『鹿苑日録』慶長二年七月二十四日条、『左大史孝亮記』慶長二年七月二十九・三十日条、『義演准后日記』慶長二年八月一・三日条）。

一方、慶長七（一六〇二）年には交趾《こうち》（現在のベトナム北部）から徳川家康への贈り物を積んだ黒船が到着し、ここにも象一頭が含まれていた（『当代記』）。翌年、公家の西洞院時慶《にしのとういんときよし》は、この象を大坂で見物している（『大日本史料』慶長八年二月二十日条）。

象は珍しい動物として注目され、南蛮屏風に描かれた（坂本満ほか編『南蛮屏風集成』）。また、江戸時代に出版された絵入り事典にも象が掲載されており、実物を見ることができなかったとしても、象に関する情報が一部の人々の間に広がったことが想定される。

図iv－1は、江戸時代前期の絵入り事典の代表格である中村惕斎《てきさい》『訓蒙図彙《きんもうずい》』（全二〇巻。寛文六〈一六六六〉年）から象の部分を引用したものである。右側に注記されているように、象は「きさ」とも呼ばれていた。著者の中村惕斎は、京都の商家出身の学者である。本書では、天文・地理、人間の身体・生活などに続いて、動植物について詳しくまとめられており、中国の書物（漢籍）の影響も窺われる。象を含む本書第一二巻は「畜獣《ちくじゅう》」という表題で、獣類が挙げられる。麒麟《きりん》のように今日では架空の動物とされるものも含まれるが、一方で今日でも通用するような動物の情報が多く盛り込まれている（朝倉治彦監修『訓蒙図彙集成』第一～二巻として刊行）。

図iv−1　中村惕斎『訓蒙図彙』国立国会図書館デジタルコレクション　寛文6（1666）年

その後、象は享保・文化・文久期に日本へやって来た。

享保期の象の動向については、最近では和田実『享保十四年、象、江戸へゆく』で詳しくまとめられており、長崎歴史文化博物館編『珍獣？霊獣？ゾウが来た！』では多くの図版を交えて紹介されている。これらによると、享保十三（一七二八）年六月十三日、広南船（ベトナムからの中国船）が七歳のオス象と五歳のメス象を乗せて長崎へ入港した。この二頭の象は将軍徳川吉宗への贈り物であったが、長崎で江戸出発の準備を進めていた九月十一日にメス象は死亡してしまった。一方のオス象は翌年の三月十三日にようやく江戸へ向けて出発することとなり、陸路の長旅を経て四月二十六日に京都入りし、二十八日に禁裏・仙洞《せんとう》御所（天皇・上皇の御所）で中御門《なかみかど》天皇や霊元《れいげん》法皇にお目見えしている。以後も長旅を続け、五月二十五日に江戸へ到着し、二十七日に江戸城で将軍吉宗の上覧を受けた。

象はその後、幕府により浜御殿《はまごてん》（現在の浜離宮恩賜公園）で飼育されたが、餌代などの経費負担が増え、払い下げも模索された。最終的には江戸近郊の柏木村の弥兵衛と中野村の源助の両名に払い下げられることとなり、源助の所持地に象小屋を建て、寛保元（一七四一）年四月二十七日に象が渡された。それからあまり月日を経ず、同年十二月に象は病死した。日本に来てから、この象は多くの人々の注目を集め、ブームを引き起こした。そして象の移動や飼育に際して、多くの人々が関わることとなった。病死して以降も、その骨が見世物に出されるなどしている。

時代は下って文化十（一八一三）年、オランダ船を装ったイギリス船によってメスの象が長崎にもたらされた。この象は江戸に迎えられることはなく、約三カ月の長崎滞在後に日本を去った。短い滞在期間であったが、現地の人々の目に触れ、この象を描いた絵も残されている。

例えば、『唐蘭船《とうらんせん》持渡《もちわたり》鳥獣《ちょうじゅう》之《の》図《ず》』（全五帖。慶應義塾図書館蔵）という図鑑の内の『獣類之図』には、この象の絵が含まれる。口絵⑩として挙げた絵には別の付紙《つけがみ》があり、これをめくって象の様々な表情を確認できる。慶應義塾大学メディアセンターのデジタルコレクション（https://dcollections.lib.keio.ac.jp/ja）で本図鑑の画像が公開されているので、閲覧をお勧めしたい。

口絵⑩の絵には、象に関する説明も記されており、出生地はセイロン（スリランカ）で、五歳とある。おおよそのサイズとして、体高六尺五寸（約一九七㎝）、体長（頭から尾の付け根まで）七尺（約二一二㎝）、前足三尺（約九一㎝）、後足二尺五寸（約七六㎝）、足回り二尺五寸、鼻の長さ三尺五寸（約一〇六cm）、尾の長さ四尺五寸（約一三六cm）と記され、重さは一五四一斤（約九二五kg）とされている。

なお、『唐蘭船持渡鳥獣之図』は、中国船やオランダ船が長崎にもたらした珍しい鳥獣を絵師に描かせて幕府に提出し、幕府からその鳥獣の発注を受けていた高木家が、同家保管の控えの絵をもとに作成したものである。もとは巻子本《かんすぼん》に仕立てて秘蔵していたが、明治二十（一八八七）年に折本に改めたようである。ここには上述の象以外にも、寛保期から嘉永期にかけてもたらされた様々な鳥獣の図が収録されている（倉持隆「唐蘭船持渡鳥獣之図」）。

本図鑑を含め、江戸時代後期には動物たちが写実的かつ精緻な図鑑（図譜）に描かれることが多くなった。武士たちの間でも動植物の図鑑が熱心に作成され、現存しているものの中には、美術品としても高く評価されるものがある。

象は、幕末の文久三（一八六三）年にも来日している。アメリカ船のシタン号が三歳のメス象を乗せて横浜に入港した。この象は江戸の両国で見世物となった後、全国各地を歩き、明治七（一八七四）年に死亡している（長崎歴史文化博物館編『珍獣？　霊獣？　ゾウが来た！』）。それから数年後の明治十五年、近代日本の代表的な動物園である上野動物園が開園し、同二十一年にタイ王国からオスとメスの象の寄贈を受けた（同前書）。こうして、象と日本の人々との新しい出会いと別れの歴史が続いてゆくのである。

（参考文献）

朝倉治彦監修『訓蒙図彙集成』第一～三巻　大空社、一九九八年
磯野直秀「明治前動物渡来年表」『慶應義塾大学日吉紀要　自然科学』No.41、二〇〇七年
國原美佐子「十五世紀の日朝間で授受した禽獣」『史論』第五四集、二〇〇一年
倉持隆「唐蘭船持渡鳥獣之図」（Keio Object Hub　https://objecthub.keio.ac.jp/ja/object/6366）
坂本満ほか編『南蛮屏風集成』中央公論美術出版、二〇〇八年
東京大学史料編纂所編『大日本史料』第十二編之一　東京大学出版会、一九六八年。東京大学史料編纂所ホームページ（https://www.hi.u-tokyo.ac.jp/）の「大日本史料総合データベース」で閲覧可。
長崎歴史文化博物館編『珍獣？　霊獣？　ゾウが来た！　～ふしぎでめずらしい象の展覧会～』長崎歴史文化博物館、二〇一二年
和田実『享保十四年、象、江戸へゆく』岩田書院、二〇一五年
『アビラ・ヒロン　日本王国記　ルイス・フロイス　日欧文化比較　大航海時代叢書XI』岩波書店、一九六五年
「左大史孝亮記」、近藤瓶城編『改訂史籍集覧』第二五冊　近藤出版部、一九〇二年
『史料纂集　義演准后日記』第一　続群書類従完成会、一九七六年
「当代記」『史籍雑纂』第二　国書刊行会、一九一一年
『鹿苑日録』第二巻　辻善之助編、続群書類従完成会、一九三四年
「若狭国税所今富名領主代々次第」『群書類従』第四輯補任部、続群書類従完成会、一九三二年

第七章　鯨と江戸時代人

上野大輔

はじめに

日本の歴史において、鯨と人々の関係が大きく変わったのが江戸時代である。漂着した鯨を突き取るだけではなく、鯨組の突取法《つきとりほう》や網掛突取法《あみかけつきとりほう》による組織的な捕鯨業が全国各地で展開し、人々が一層主体的・計画的に鯨を捕獲するようになった。捕獲した鯨の肉が食用とされただけでなく、油や骨などが様々な商品となって流通し、消費された。鯨に関する知識・技術が大きく向上し、その情報が書物としても流布した。そして捕鯨業が地域や国家にとって有益な産業として認識されるようになった。また、鯨の供養が催され、供養碑が各地に建立された他、鯨と関わる新しい文芸や伝承も生み出された。こうした変化に注目する時、江戸時代とそれ以前の時代との、大きな違いに気付かされる。こうした違いが生じる起点となったのは、戦国時代であろう。

以下では、まず組織的な捕鯨業が展開するようになった経緯を確認する。その際、肥前国平戸とその周辺地域の事例に注目したい。続いて、鯨の供養について検討する。ここでは、平戸とその周辺に加え、長門国大津郡の事例も取り上げる。また、鯨に関する文芸作品や伝承などが生み出されたことに触れたい。著者の専門分野との関連で、宗教史・思想史的な視点からの論述が多くなることも断っておきたい。以上を通じて、鯨と江戸時代人との関わりをなるべく多面的に捉え、人々や鯨にとっての江戸時代の意味を改めて考えてみよう。

一　仕留められた鯨

組織的な捕鯨業の成立

一六世紀後半の三河・尾張地方（現在の愛知県）の海域で、銛《もり》を用いた組織的な突取法により、鯨が仕留められるようになった。突取法は一七世紀にかけて紀伊国太地浦《たいじうら》（現在の和歌山県太地町）をはじめとする各地に伝わったとみられる。一七世紀後半の延宝期には、太地浦で網掛突取法が考案された。これにより、鯨は網に追い込まれ、突き取られた。当初は藁縄網《わらなわあみ》が用いられたが、後に麻を材料とする苧網《おあみ》に改められたことで、突取法では困難であったザトウクジラの捕獲も可能となり、捕鯨業はさらに発展した（口絵⑪⑫参照）。この網掛突取法は土佐国（現在の高知県）や九州など各地に伝わり、地域差を残しつつも、捕鯨法の主流となった（三野瓶徳夫「捕鯨」他）。

平戸の捕鯨の開始

肥前国平戸（現在の長崎県平戸市）の有力町人である谷村友三《ゆうざん》（三右衛門貞之、生没年一六四七〜一七二二）が享保五（一七二〇）年に著したとされる『西海鯨鯢記《さいかいげいげいき》』（個人蔵。『平戸市の文化財13　西海鯨鯢記』等）によれば、一説では寛永元（一六二四）年に紀伊国藤代《ふじしろ》の藤松半右衛門が船一〇艘で平戸沖の多久島（度島《たくしま》）の飯盛において捕鯨を操業したとある。

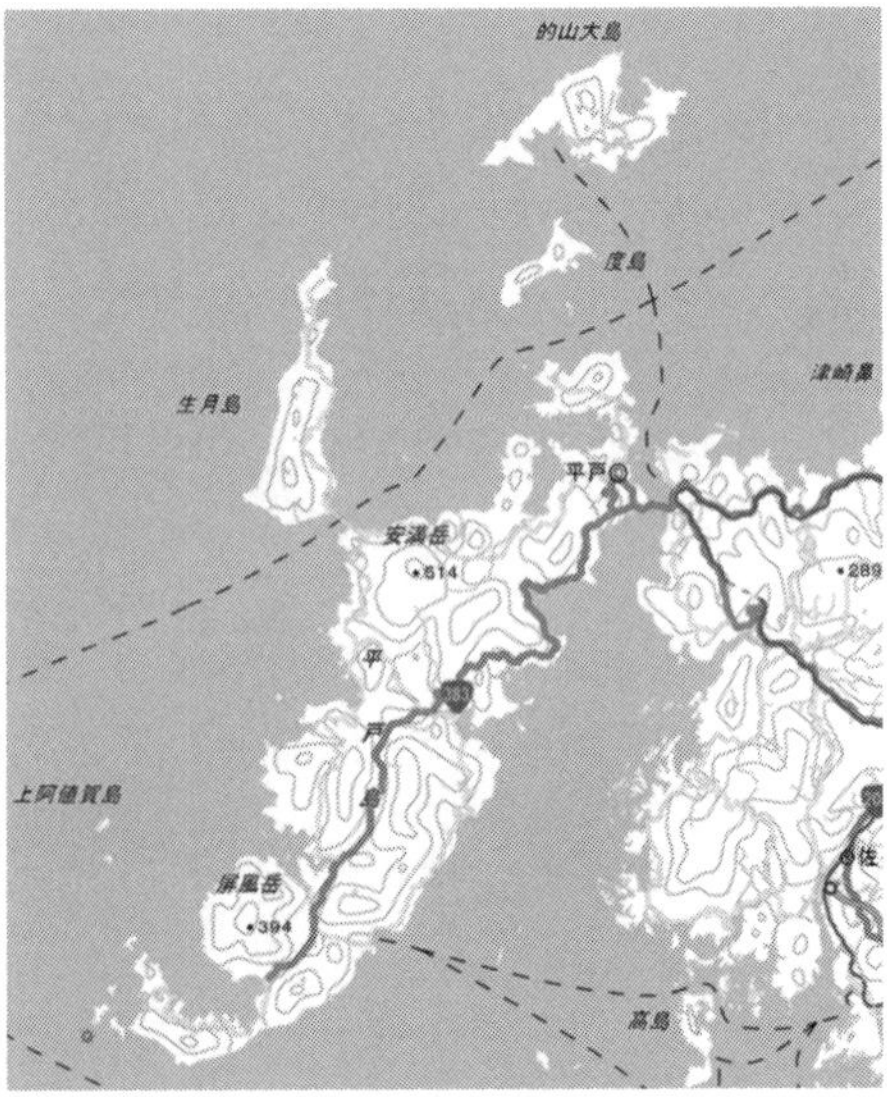

図7−1　平戸島とその周辺　国土地理院ウェブサイト（https://www.gsi.go.jp/）

また翌年、紀伊国の与四兵衛が船二〇艘で大島（的山《あづち》大島）の的山《あづち》で操業し、同三年には平戸の平野屋作兵衛が飯盛で操業し、これが平戸町人の鯨組の始めとされている。同四年には平戸の宮之町組が平戸島の田助浦で操業し、明石善太夫・吉村五兵衛が平戸島の薄香浦《うすか》で、山川久悦が壱岐国の印通《いんどう》寺《じ》でそれぞれ操業し、壱岐国の捕鯨はこれ

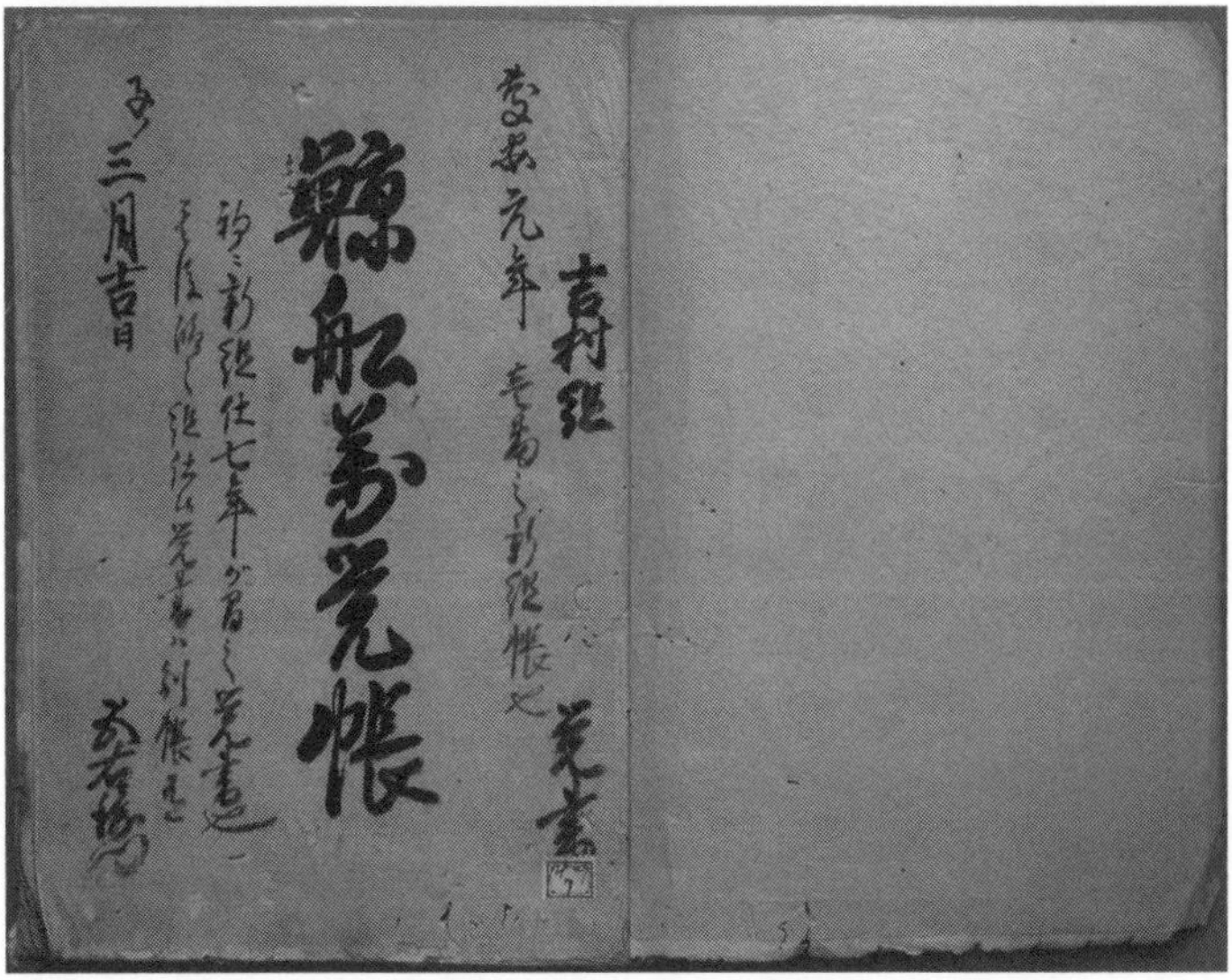

図7－2　『慶安元年子ノ三月吉日　鯨船万覚帳』（写真提供：平戸市）

が始めとされる。その後、鯨組は明暦・万治期に隆盛し、七三組まであって五島・壱岐・対馬・大村など各地で捕鯨が行われたようである。

谷村友三の父三蔵も、鯨組（谷村組）を組織して対馬鰐浦《わにうら》や壱岐で操業した。その詳細は、寛文十三（一六七三）年から延宝二（一六七四）年にかけての『鯨場中日々記』（個人蔵）に記されており、谷村組以外の鯨組についても確認できる（中園成生『日本捕鯨史【概説】』等）。

平戸町人の吉村家については、別に『慶安元年子ノ三月吉日　鯨船万覚帳《よろずおぼえちょう》』『明暦三年酉ノ三月吉日　新組鯨覚帳』『寛文七年未ノ三月吉日　鯨船万覚帳』（現在はいずれも平戸市生月《いきつき》町博物館〈島の館〉に所蔵）などの史料があり（図7－2参照）、吉村庄左衛門が慶安元（一六四八）年に組織して以降の鯨組の動向や、それ以前の吉村五兵衛らによる鯨組の操業が既に検討されている（小葉田淳「西海捕鯨業について」）。それによれば、庄左衛門が組織した鯨組は新組と呼ばれ、彼の後継者の五右衛門が二番目・三番目の新組を組織した。以上三組の船数は、一組当たり一五艘前後であった。また、新組以前から操業した本組を吉村五兵衛が経営したのではないかと推測されている。

庄左衛門と五右衛門の操業期に、鯨船は兵庫・尼崎や紀伊（熊野）で建造し、諸道具も上方で調達していたが、銛・剣は主に地元の鍛冶に作らせたようである。また、捕鯨の作業を担う羽指《はざし》、船を操縦する加子《かこ》、陸上で鯨の解体・採油・販売その他に従事する納屋者《なやもの》は、平戸にとどまらない各地から雇用された。羽指には五島・熊野などの出身者が確認され、加子は畿内・中国・四国の上方《かみがた》加子と九州北西部の下方《しもかた》加子からなった。納屋者の内、大工・鍛冶は概ね平戸で雇い入れたようだが、鯨を処理する魚切《うおきり》や炊事夫などは呼子《よぶこ》（現在の佐賀県唐津市呼子町）から雇用された。

以上のように、平戸町人による捕鯨業が一七世紀段階から本格的に展開していた。

『西海鯨鯢記』の史料的性格

ここで、享保五（一七二〇）年成立の『西海鯨鯢記』の史料的な性格について、先行研究を踏まえつつ補足しておきたい。

本書は、高齢に達した平戸の有力町人の谷村友三が著したとされる書物だが、単なる捕鯨技術書にとどまらない意義を持っている。吉村雅美によれば、本書には『日本書紀』『万葉集』『本朝食鑑』などの和書や『淮南子《えなんじ》』『正字通』などの漢籍が引用されており、オランダ人や唐人（中国人）から得た情報も含まれる。また、長崎出身の学者である西川如見の影響も想定される。さらに『西海鯨鯢記』末尾では、村などの地域や日本という国家にとっての捕鯨の有益性が主張されている（吉村『近世日本の対外関係と地域意識』）。この有益性が記された部分を、以下に読み下し文として引用しておきたい。

鯨功能多し。肉は能《よ》く寒邪を防ぎ、冬月海岸に居り船に乗り沖に住む者数千人、病者なし。多く食して人を傷《やぶ》らず、穀の扶《たす》けとなる。十月米六、七合食す者、二、三月に至り四合を食す。骨は砕きて田畠の糞《こやし》とす。田に一度入れば三年吉と云う。鬣《たてがみ》（鬚《ひげ》）は鎧《よろい》に造り、半弓《はんきゅう》に作る。品々器物細工多し。油は暗夜を照らし、民家の業を助け、その益有る事挙げて計りがたし。これを思うに、禽獣魚鼈《きんじゅうぎょべつ》にこの益《えき》有る物外《ほか》に聞こえず。和国の貨、末世にこれを取る事、神明人を恵むの理にあらんか。この術に長ぜし者は富みて神社を経営して神威光を増し、仏閣を荘厳しては人信心を発し、江村境里を賑わす。国家の重宝、長久ならん事を願う者然《しか》り。

引用部の後段では、捕鯨業で得られた富を地元の寺社のために活用することにも触れられているが、本書の成立期頃までの実例としては、的山大島の井元《いのもと》氏の活動を挙げることができる（岩﨑義

則「捕鯨業者井元弥七左衛門と平戸藩」四二〜四五頁）。

ところで、若尾政希は、近世における家意識の形成と関わって、家の系譜を遡《さかのぼ》り、信仰対象となる宗派、村などの地域、日本という国家などの歴史とも向き合うような知的状況が生み出されたことを指摘している。また、このような知的状況を表現すると共に促進することにもなった書物・出版に注目している（若尾「近世における「日本」意識の形成」等）。同様に横田冬彦は、元禄・享保期に確立した出版文化によって「日本」や「日本人」という知識・観念が人々の共通認識（常識）として普及し、人々が所属する地域や宗派に関する知識・観念と共に定着したことを明らかにしている。横田はまた、書物の読者の独自性や主体性を重視し、作者の意図とは別に、読者は自分の時代の中で、自分の課題のために書物を様々に読み、自分の思想として再構成したとする（横田『日本近世書物文化史の研究』）。

『西海鯨鯢記』は、こうした研究成果とも関連付けて把握することができる。すなわち本書は、元禄・享保期の書物にも媒介された知識・見聞に基づき、日本の内外、平戸の内外といった重層的な地域の枠組みのもとで、捕鯨業の歴史的展開が記述され、その国家的・社会的な有益性が主張されたものと言えよう。当該期の民間における産業（生業）と学問のつながりを示す書物としても注目される。

生月島の益冨氏による捕鯨

先述の通り、平戸では一七世紀段階から捕鯨業が本格的に展開したが、一八世紀になると捕鯨業者の勢力も入れ替わり、新たな展開が見られるようになる。すなわち、肥前国生月島《いきつきしま》において、益《ます》冨《とみ》氏が享保十（一七二五）年に突取法を始め、元文四（一七三九）年に網掛突取法に移行したとされる。こうして同氏により大規模な捕鯨業が展開することとなる（藤本隆士『近世西海捕鯨業の史的展開』、末田智樹『藩際捕鯨業の展開』等）。

同氏は近世後期に五組の鯨組を経営していたが、文政十二（一八二九）年頃の一組の船数は四〇艘で、その中には、鯨を網に追い込んで銛を打つための勢子船《せこぶね》二〇艘、鯨を運漕《うんそう》する持双船《もっそうぶね》四艘、網を張る双海船《そうかいぶね》六艘、双海船を曳航《えいこう》する双海附船《そうかいつきぶね》六艘などが含まれていた。また、鯨組全体の海上の従事者は、羽指三〇人、羽指見習三人、加子四四〇人であり、鯨の解体・採油・販売などの従事者一一四人を加えると、合計五八七人であった。これに日雇いの従事者を加えると、八〇〇人を下らないものと推定されている（二野瓶徳夫「捕鯨」、『勇魚取絵詞《いさなとりえことば》』、図７－３参照）。

仕留められた鯨は、様々な用途で消費された。肉は食用とされ、油は灯火用の燃料や防虫用の農薬（鯨油を水田に注ぎ、虫を落として駆除）として用いられた。また、骨は工芸品や肥料とされた。例えば、生月島の御崎浦《みさきうら》には大納屋《おおなや》をはじめとする施設群が整備され、鯨の加工作業が行われていた（図７－４参照）。

図7－3　生月御崎浦沖でのセミクジラの網掛突取猟　『勇魚取絵詞』
国立国会図書館デジタルコレクション　天保3（1832）年

図7－4　生月御崎浦の大納屋での作業　『勇魚取絵詞』
国立国会図書館デジタルコレクション　天保3（1832）年

小島屋文書にみる鯨

慶應義塾大学文学部古文書室には、大坂船町の紙問屋小島屋（小嶋屋）に伝来した文書群（小島屋文書）が所蔵されている。小島屋は西日本の大名家とも取引を行っていた有力な商家であるが、平戸藩の産物の取引にも関与し、益冨家とつながっていた。そのため、小島屋文書の中に益冨家や鯨組の記事が確認される。以下では、江戸時代後期（年未詳）のいくつかの文書を紹介したい。

まず、『平戸様仕法《しほう》凡《およそ》積書《つもりがき》』（小島屋文書　小嶋屋冊一一）という冊子がある。本冊子には、平戸藩の産物・金融と関わる願書の文案が控えられている。図7－5の記事は、生月島の益冨又左衛門（屋号は畳屋《たたみや》）が自分名義の銀札五〇〇〇両分の発行を藩に願ったものであり、もし免許が得られれば、鯨組の上納金を滞りなく納めるとされている。このような銀札発行を含む産物・金融政策を小島屋が企図したのだろう。

次に『平戸様要用之留《とめ》』（小島屋文書　小嶋屋冊一二）という冊子がある。本紙の冒頭部分（図7－6）には、生月島の鯨組を統括した益冨又左衛門と、別家の畳屋三郎兵衛（御崎《みさき》納《おさめ》分惣元締役《ぶんそうもとじめやく》）、畳屋幾左衛門（壱《い》州《しゅう》風本浦《かざもとうら》惣元締役）の名が見える。続いて、売師の元締役山口専五郎・勘定役弥三郎・同向役平吉、平戸の請負人吉村五兵衛、鹿島（現在の佐賀県鹿島市）の口入人《くちいれにん》（仲介業者）中川源吾、佐賀の取次西村万兵衛（屋号は煙草屋）らの名前がある。以上の面々が、大坂で金一万両を年利六歩（六％）の五か年賦で借用するための交渉を進めたようである。その際、肥前の吉岡文右衛門が口入人となり、大坂の秋田蔵屋敷の名代人《みょうだいにん》（代理人）である堂島《どうじま》の雑賀《さいか》屋弥三郎が世話を

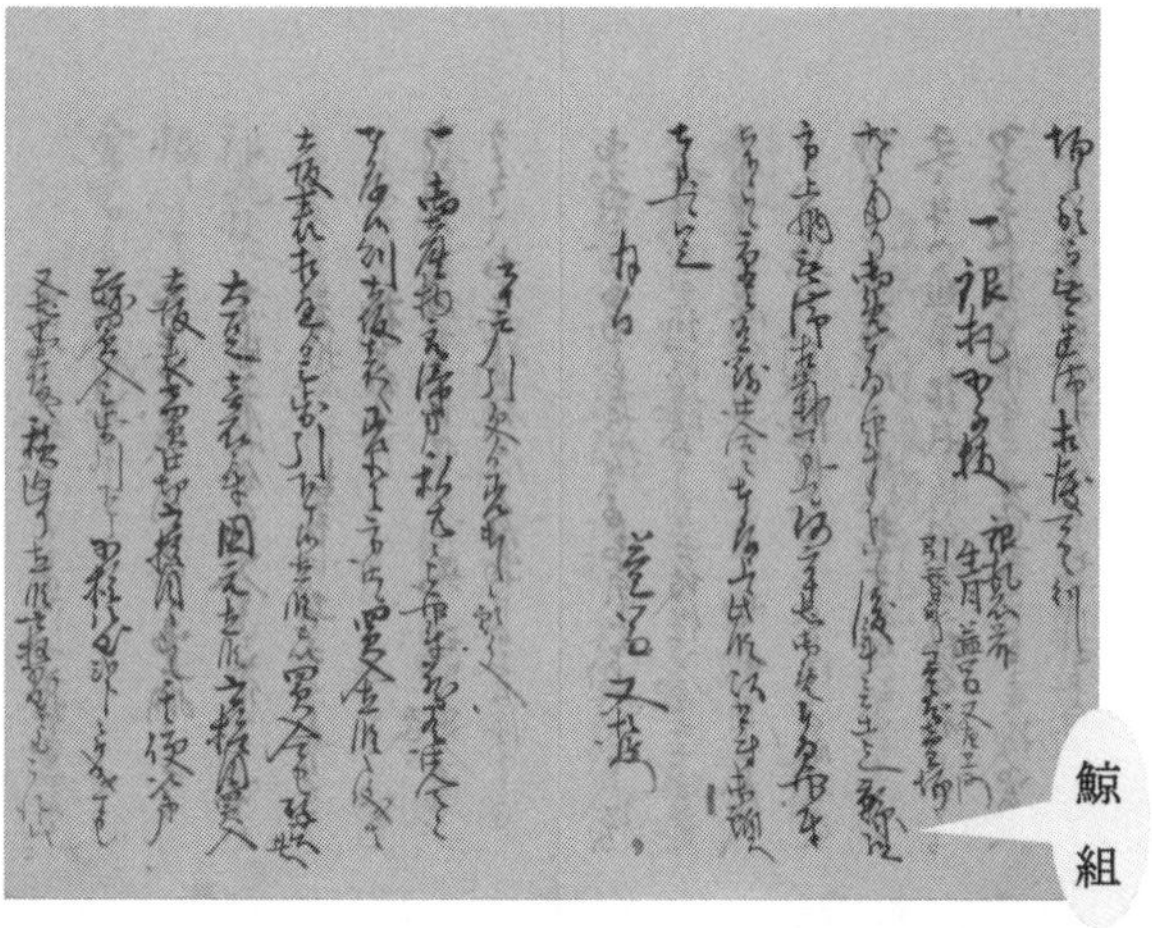

図7－5　『平戸様仕法凡積書』　慶應義塾大学文学部古文書室蔵
年未詳（江戸時代後期）

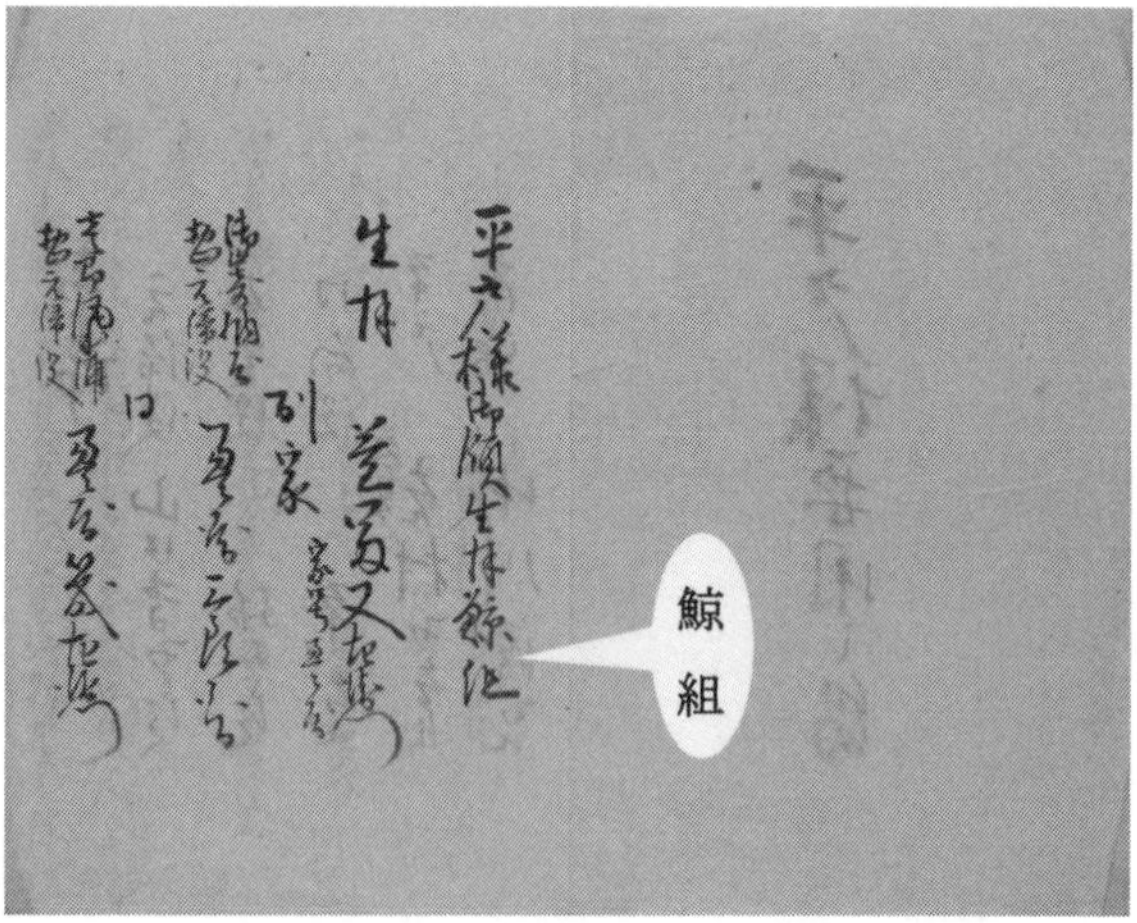

図7－6　『平戸様要用之留』　慶應義塾大学文学部古文書室蔵
年未詳（江戸時代後期）

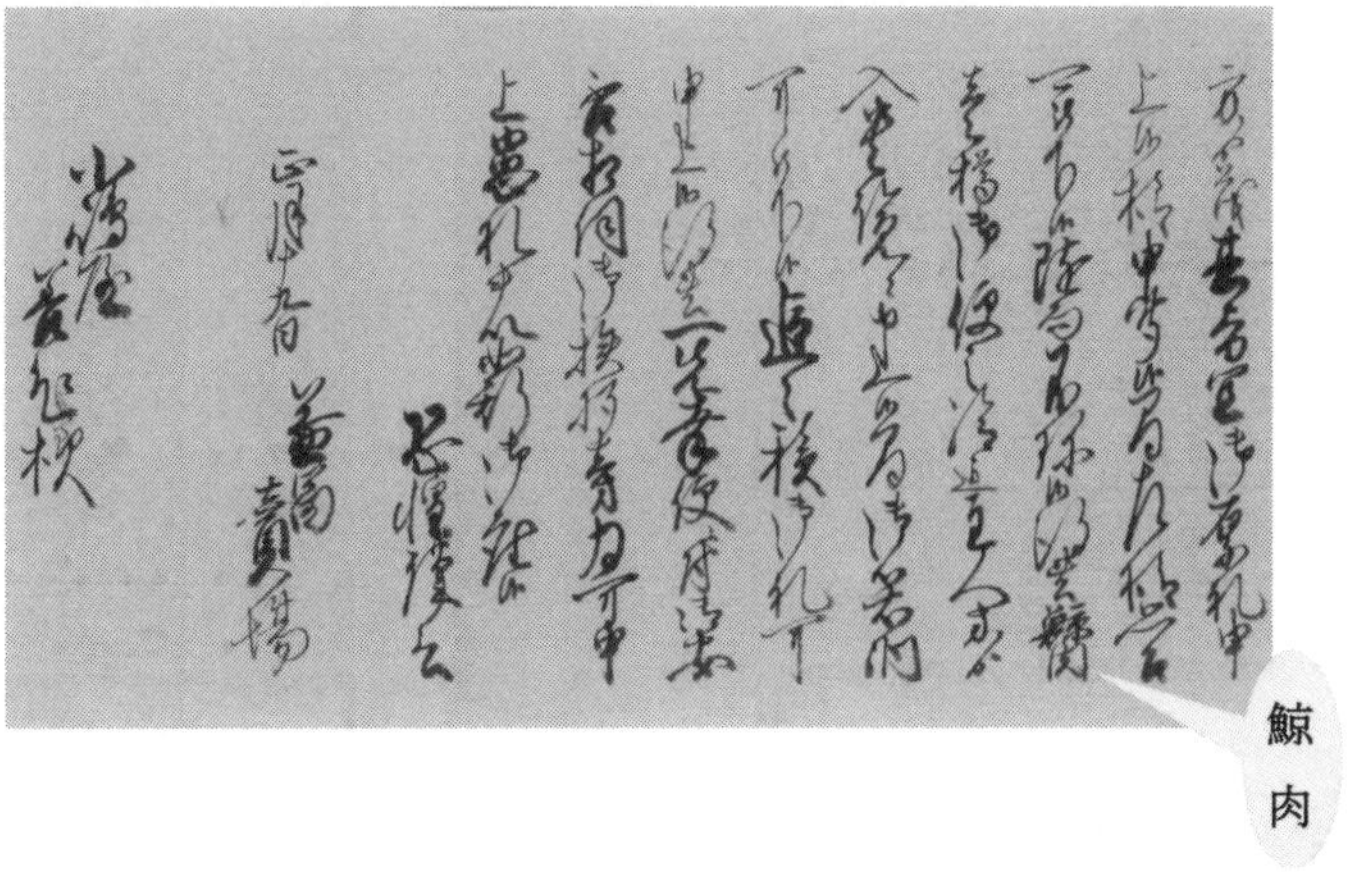

図7－7　「益冨売場訪問御礼状」　慶應義塾大学文学部古文書室蔵
年未詳（江戸時代後期）

したとある。借用時には平戸藩大坂蔵屋敷留守居役人の奥印（証明印）も得ようとしている。ところが、交渉が難航したため、小島屋も世話を頼まれ、筑前の星野茂八郎と同道して年末年始の時期に生月へ出張し、畳屋幾左衛門と面談している。

この一件と関わり、正月十九日付で益冨売場から小島屋善作宛に出された書状「益冨売場訪問御礼状」（小島屋文書　小嶋屋三三六）も残されている。本文中には、善作が先日、遠路はるばる益冨家に赴き、銀談（お金の相談）に応じると共に、同家の主人へのお土産を贈ったことに対する御礼が述べられている。そして、珍しいものではないとしつつ、鯨肉一樽を主人から進呈する旨が記されている（図7－7）。

以上の文書からも、捕鯨業が平戸藩の重要な産業の一つとして展開し、大坂商人ともつながりを持ったことが分かる。

二　供養された鯨

『西海鯨鯢記』にみる念仏と鯨唄

先述の『西海鯨鯢記』には、次のような記事がある。

> 昔、突組の時は、正月元日は殺生《せっしょう》を厭《いと》い、沖立せさせざりしも、網組金銀多く入るに依《よっ》て、元日も休む事なし。一日に鯨五本、七本も取る日有ればなり。金銀は殺生の咎負うものにやあらん、知らざるかし。人、木石ならねば、側(惻)隠の心有り。賤き漁夫も鯨を殺す時、悲歎する事、子持鯨は先ず子を突き、大小に順《したが》って森(銛)二、三本或いは十本も突き、綱を扣《ひか》えて遠く去らざるやうにする。母鯨二、三里行ても立帰り、子を達羽《たっぱ》（鰭《ひれ》）の下に隠し、己が身に森(銛)を受け、終に死す。誤って子を殺しぬれば、半死の者も遁げ去るなり（中略）五尺の剱《つるぎ》を以て鯨腹を穿《うが》ちぬれば、水腹に入りて死す。死せんとする時、身をのし大息をつき一聲《ひとこえ》嗽(ないてカ)て舟を負いながら二、三反舞(遍)う事、茶臼を廻すが如し。喉《のど》ごろごろと鳴て息絶す。この時鹿子《かこ》・羽指同音に南無阿弥陀仏々々ト唱え、了《おわっ》て三国一《さんごくいち》ぢゃおせびとりすまいたと謡うもおかし

かつて突組（突取法）の時は殺生を嫌って元日は操業しなかったが、網組（網掛突取法）となっ

てからは、増収のため元日も休むことはなくなったようである。金銀は殺生の咎を負うものかどうかは分からないという。もっとも、人は木石ではないので惻隠（かわいそうだと同情する）の心があり、漁夫も鯨を殺す時、悲歎するという。これは子持鯨（母と子の鯨）を狙う際に、まず子鯨を突いて生け捕りにし、母鯨を逃げないようにして仕留めることとも関わっているようである。そして剣で突かれた鯨が絶命する時、羽指と加子が異口同音に南無阿弥陀仏と繰り返し称え、「三国一ぢゃ」などと謡うとある。このように、念仏が称えられた上で鯨唄が謡われ、悲しみや喜びが共に表現される場面として注目される。

平戸と的山大島の鯨供養碑

江戸時代には、捕えた鯨に対する供養が、全国の捕鯨基地で行われるようになり、鯨の供養碑（供養塔）も各地に残っている。平戸では元禄八（一六九五）年、鯨組を経営していた冨永林右衛門により、最教寺（真言宗）の境内地に鯨供養碑が建立された（図7－8）。正面には「鯨鯢供養塔」の文字が彫られており、向かって右側に「元禄八乙亥《きのとい》年」とあり、左側には、必ずしも断定できないが「夷則上瀚蓂」のような文字が確認される。夷《えびす》（鯨）が広大な冥土に上るということで、鯨の冥福を祈ったものであろうか。そして背面に「本組　冨永林右衛門」とある。

また、的山《あづち》大島では、元禄五（一六九二）年に鯨供養碑が建立された（図7－9）。正面の中央には「（阿弥陀如来の梵字）鯨鯢三十三死生」と刻まれ、その右側に「元禄五年 壬申《みずのえさる》 本與《（与）》羽指」、

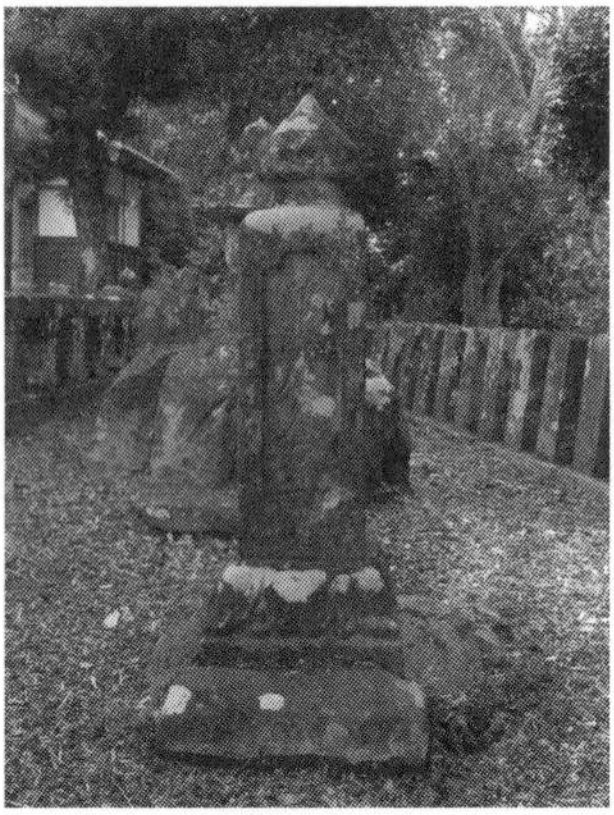

図7−8　平戸の鯨鯢供養塔（右）　元禄8（1695）年（長崎県平戸市岩の上町）
著者撮影

図7−9　的山大島の鯨供養碑（左）　元禄5（1692）年（長崎県平戸市大島村）
（写真提供：平戸市）

左側に「六月□□（破損）川久保平□（五カ）右衛門」とある。「本與（与）羽指」は本組の羽指で、川久保はその羽指、もしくは鯨組の経営者であろうか。

　的山大島では井元氏が寛文期から享保期頃まで捕鯨業を担っており（岩崎義則「捕鯨業者井元弥七左衛門と平戸藩」）、この鯨供養碑と接続した区域が同氏の墓地となっているが、鯨供養碑と同氏の関係は今のところ詳らかにし得ない。井元氏は的山大島の長徳寺（浄土宗）の檀家であり（井元家所蔵「存続簿」）、同氏の墓石にも浄土宗の戒名が確認できる。但し、『大島村郷土誌』によれば、長徳寺はかつて光明寺と称しており、明治四（一八七二）年に廃寺となって島内の西福寺（浄土宗）に合併された。その際、記録などを紛失し、創立年や開山などは不詳とのことである。そして明治二十七年、廃寺の旧跡に再建して寺号を福岡県宗像郡岬村から移して長徳寺と称するようになった

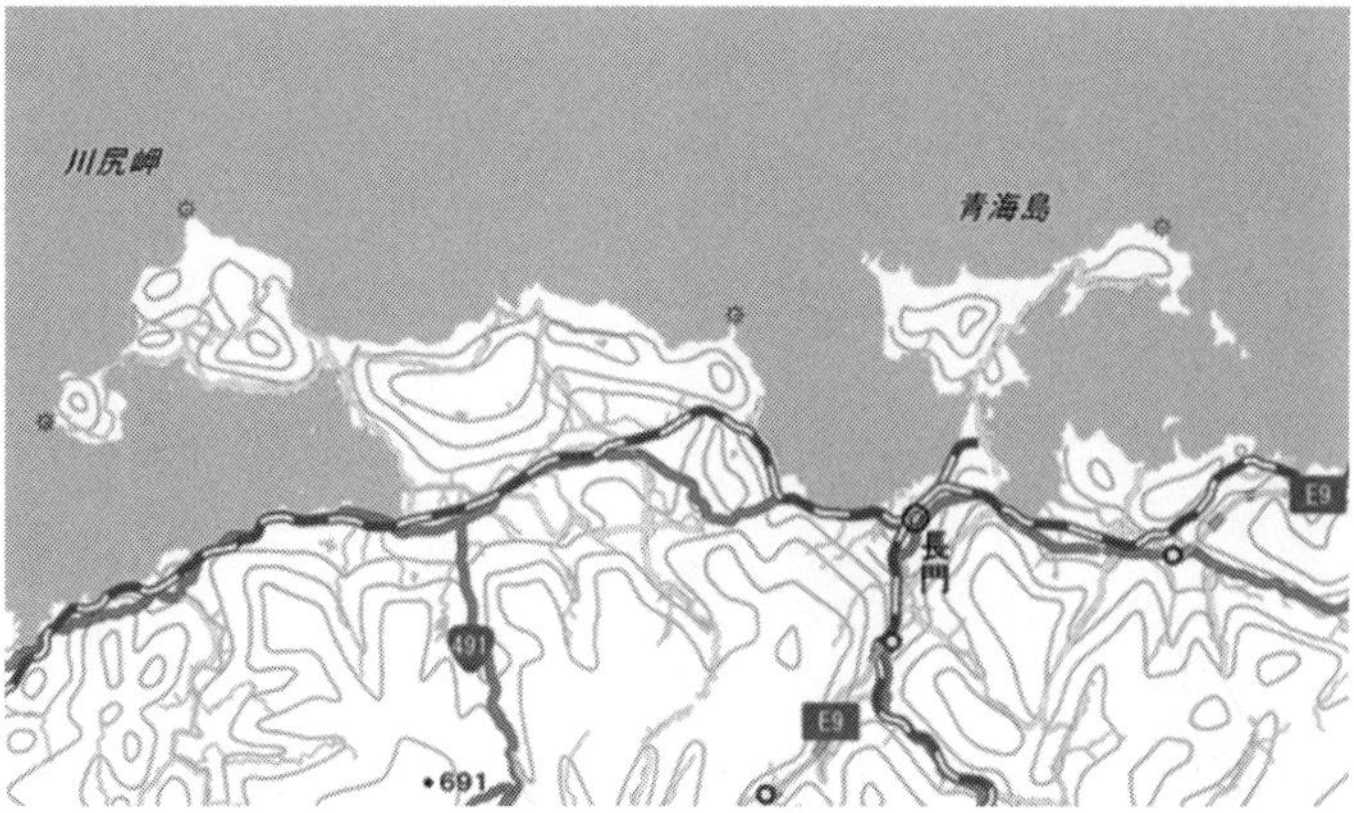

図7－10　山口県長門市の沿岸部（青海島の東部が通浦）国土地理院ウェブサイト（https://www.gsi.go.jp/）

とされる（同書五〇一頁）。よって、江戸時代の井元氏は、光明寺の檀家であった可能性がある。一方、先述のように鯨供養碑には阿弥陀如来の梵字が確認できる。以上より、鯨供養碑と浄土宗との関連が想定される。

ところで、鯨供養碑に見られる「三十三死生」の含意だが、紀伊国二木島《にぎしま》浦で寛文十一（一六七一）年三月に木下彦兵衛が建立したとされる「鯨三十三本供養塔」と関連している可能性があり（吉原友吉『房南捕鯨　附　鯨の墓』一五五・一七六頁）、三三頭もしくは多数の鯨の供養を目的とするものであろう。これらの供養碑は全国的に見ても早い時期のものであるが、著者が以前調査した長門国大津郡（現在の山口県長門市）の事例にも言及しておきたい（上野「近世真宗優勢地帯における浄土宗の思想的機能」）。

長門国大津郡通浦の鯨回向

長門国大津郡では延宝期以降、鯨組による網掛突捕法の捕鯨業が展開した。それと時期をほぼ同じくして、同郡の通浦《かよいうら》では鯨回向《くじらえこう》という行事が始まった。延宝七（一六七九）年、通浦の向岸寺（浄土宗）五世住職の讃誉が、浦の民衆の二世安楽と鯨の菩提のために寄付された聖観音《しょうかんのん》の木像を、観音堂に安置した。そして隠居後に回向の日々を送ったとされる。享保十九（一七三四）年に讃誉が亡くなって以降も、通浦では鯨回向が営まれ、地元の民衆が参加した。

回向とは、差し向けるという意味であり、自分がよい行い（読経や称名念仏）をすることで、自分を救うことができるだけでなく、その功徳を差し向けて他者を救うこともできるという考えに立脚している。救いというのは、浄土宗の教えであるので、最終的には極楽浄土に生まれ、成仏するということである。こうして鯨を救おうとするのが鯨回向の趣旨である。

図7－11　通浦の鯨墓　元禄5（1692）年
（山口県長門市通）著者撮影

この鯨回向だが、元禄期以降には位牌・墓・過去帳を伴った独自の形態が定着した。鯨位牌と鯨墓は元禄五（一六九二）年につくられ、正面にはいずれも「南無阿弥陀仏」という六字名号と「業《ごう》尽《じん》有《う》情《じょう》雖《すい》放《ほう》不《ふ》生《しょう》、故《こ》宿《しゅく》人《にん》天《でん》同《どう》証《しょう》仏《ぶっ》果《か》」という諏訪《すわ》の神文《しんもん》（諏訪の勘文《かんもん》）がある（図7－11）。これらの含意については後述したい。

鯨位牌の裏面には、上より「元禄五年壬申《みずのえさる》五月十二日」、「隠居念誉上人、現住松誉上人」、そして「願主《がんしゅ》」として「山田孫三郎、池永藤右門《（ママ）》、設楽《しだら》孫兵衛」の名が記され、その下に「諸檀那中」とある。念誉は向岸寺六世住職（元禄五年五月十二日段階では隠居）、松誉は七世住職（当時在職）である。

次に、鯨墓の向かって右側には、上より「元禄五年壬申五月」、「願主」として「設楽孫兵衛、池永藤《（ママ）》右エ門、早川源右エ門」の名がある。この鯨墓には、鯨の胎児を埋葬したと伝えられる。

鯨位牌と鯨墓の願主が一部異なっている理由は不明であるが、これらの願主は鯨組の網頭《あみがしら》を務め、向岸寺に属した。願主とは神や仏に願う本人を指すので、捕鯨業の網頭が鯨位牌や鯨墓をつくる際に中心的に関与したことが分かる。

一方、鯨の過去帳は位牌や墓と同時期に作成が始まったとされるが、第一巻の過去帳は山崩れに伴いなくなったと伝えられている。過去帳とは家の人が亡くなった際に、名前や亡くなった日にちなどを記録しておくもので、これを踏まえて弔いを行う。現存する過去帳は何冊かあるが、最も古いものが『鯨鯢《げいげい》過去帖《かこじょう》』であり、確認できる範囲では、ここには享和二（一八〇二）年十二月六日から天保九（一八三八）年二月十六日までに捕獲された鯨二五一頭前後の戒名、捕獲年月、捕獲時の庄屋名が、日ごとに記載されている（朔日を欠く）。鯨の種類・大きさ・捕獲場所・捕獲時刻等も書かれている場合がある。大半の戒名に「誉」号があるが、これは化他五重《けたごじゅう》（浄土宗の奥義伝授）によるものである。

以上は通浦の事例だが、鯨回向は大津郡の瀬戸崎浦でも行われた。同浦の浄土宗寺院である極楽寺や円融寺でも鯨位牌がつくられ、極楽寺には現存している。また、法華宗の普門寺にも位牌があり、法華経に基づく独自の弔いがなされたようである。

鯨回向の役割

先述の通り、鯨位牌と鯨墓の正面には六字名号と諏訪の神文がある。諏訪の神文は呪文として唱えられたもので、全国的に確認されている。音読みすると「ゴウジンウジョウ　スイホウフショウコシュクニンデン　ドウショウブッカ」となる。ただ、これでは意味が取れないと思われるので、訓読すると「業尽《ごうじん》の有情《うじょう》、放つと雖《いえど》も生きず、故《ゆえ》に人天《にんでん》に宿りて、同じく仏果《ぶっか》を証《しょう》せよ」となる（但し、他の読み下し方をしている例もある）。前世の因縁で宿業《しゅくごう》の尽きたために捕えられた野生の動物は、放しておいても長くは生きられず野垂れ死にする運命にあるのだから、人間の体内に取り入れられ、人間と同化して成仏するのがよいというのが、神文の大意ではないかとされる（千葉徳爾『ものと人間の文化史　狩猟伝承』）。捕えられた生き物というのは、捕えられるべくして捕えられたのである。ここで死ぬ運命にあるので、再び逃がしてやってもどうせ死んでしまう。そこで、この生き物を食べて、食べた人と一緒に救われるのがよい、ということではと想定される。

これが「南無阿弥陀仏」という浄土宗の念仏によって根拠付けられている。つまり、いくら食べたところで、人や鯨が救われなければ意味がなくなる。そこで、この念仏によって、鯨を食べた人や、捕えられた鯨自体が救われるということが重要になる。鯨位牌や鯨墓には、念仏によって鯨を救い、鯨を殺して食べることを正当化する立場が示されていると言える。これは単なる個人の信仰にとどまらず、通浦の民衆（特に浄土宗の檀家）の信仰として、ある程度共有されたことと思われる。また、瀬戸崎浦の極楽寺にある鯨位牌も、南無阿弥陀仏と諏訪の神文からなる同じ銘文なので、通浦と同様の立場が共有されたことが分かる。

ところで、前掲の『西海鯨鯢記』にも記されるように、捕鯨業には悲しみや罪業観が伴っていた。ここでいう罪業観は、単なる内面的・倫理的な問題にとどまらず、殺生の報いが生活に降りかかるような、実際的な問題と関わっていた。この点、紋九郎の伝承をもとに後述したい。また、親子連れの鯨を標的とすることがあり、親子の情を逆手に取って仕留めることも、罪業観とつながり得た。よって、鯨を仕留めたからといって、単に喜んでばかりはいられなかった。捕鯨により巨利を追求することは、罪業観と表裏一体となり得たのである。

ここで通浦の浄土宗の役割を確認すると、まず鯨回向によって人や鯨を救うことが挙げられる。また、詳細は割愛するが、捕鯨業の繁昌などのご利益も祈られた。それによって実現するとされたのは、鯨も人も救われ、繁昌するということである。かくして鯨回向は、捕鯨業の正当化ないし滅罪に寄与し、社会の存続の思想的基盤となり得たと考えられる。鯨回向やその他の祈りは一度やれば終わりというのではなく、捕鯨を主な生業としたため、回向や祈りも続ける必要があった。また、優れた僧侶が行えば一層大きな効果が得られるとされた。それゆえ、捕鯨地域において寺院を中心に営まれる重要な行事となったのである。

なお、回向されたのは人と鯨だけではない。その他にも、日々の生業において殺生《せっしょう》の対象となる様々な生類への回向が行われた。その中にあって鯨の場合は、位牌・墓・過去帳が示すように、より人間に近い形で扱われ、「誉」号に示されるように、場合によっては身分・階層の高くない人々よりも丁重に弔われた点に特徴がある。

真宗の鯨法会

ここで、大津郡の真宗にも触れておきたい。一六世紀半ば以降、中国地方に真宗が本格的に普及し、大津郡でも真言宗に代わり真宗が影響力を強めたことが指摘されている（『長門市史』歴史編）。そして一七世紀にかけて、地域の民衆による真宗寺院の建立が進んだ。こうして大津郡では真宗の寺院・門徒が全域的に勢力を持ち、港町・漁村では浄土宗の寺院・門徒も勢力を持つような宗派構成となった。

真宗と浄土宗は浄土系の宗派として括られることもあるが、教義の違いが明確に認められる。真宗の教義上の立場においては、浄土宗のような回向を行うことはできなかった。真宗では、阿弥陀如来の救いを信じることで自分が救われる（極楽往生できる）とされるが、信心を得て以降の生前の念仏は感謝のために称えるものとされ、それによって自分や他者を救うことは認められなかった。回向の行使主体は人間ではなく阿弥陀如来であり、回向に対する考え方が浄土宗とは異なっている。

真宗寺院では、始期は不明だが、鯨法会《くじらほうえ》という行事が営まれてきた。鯨法会以外に魚法会などもある。これらの法会は、少なくとも真宗寺院の側からすると、人やその他の生き物を救うための行事ではなく、捕鯨や漁業などを営む人々が、決まった日に集まって真宗の教えを確認し合う行事であった。よって、真宗寺院に属する民衆は、日々様々な生類を殺して生活せざるを得ない場合、そうした殺生とどのように向き合うかが独自の課題となり得た。

浄土宗の回向は大津郡の捕鯨地域で重要な役割を果したが、地域の人々の立場は宗派的な多様性も踏まえて、幅広い視野のもとに把握される必要がある。

利田神社の鯨塚

話を江戸方面に転じてみよう。寛政十（一七九八）年、品川沖に鯨が現れ、多くの人々の注目を集めた。この鯨は漁師によって仕留められ、その頭部を埋めて供養した鯨塚が、利田《かがた》神社の境内に残されている（図7－12）。また、この品川沖の鯨一件を題材にして、十返舎一九や曲亭馬琴が、鯨の登場するユニークな文芸作品を著している（港区立港郷土資料館編『江戸動物図鑑』）。次に節を改めて、こうした鯨の物語化の様相を探ってみたい。

図7－12　利田《かがた》神社の鯨塚　寛政10（1798）年（東京都品川区東品川）
（写真提供：一般社団法人しながわ観光協会）

三　物語化した鯨

十返舎一九『大鯨豊年貢』

まず、品川沖の鯨一件を題材として、十返舎一九が『大鯨豊年貢《たいけいほうねんのみつぎ》』（寛政十一〈一七九九〉年）という戯作《げさく》（通俗小説類）を著した。病気となった龍宮の乙姫に猿の生き胆《ぎも》を与えるため、蛸《たこ》が猿を龍宮に連れて来るが、猿は龍宮の宝珠を盗んで逃げ、共犯を疑われた熊野浦の鯨は龍宮から追放された。その後、江戸で橋普請《はしぶしん》（橋の工事）の手伝いをしていた鯨は宝珠の情報をつかみ、龍宮の河豚《ふぐ》たちと共に宝珠を取り返す。そして、橋普請の時にお世話になった人々への恩返しとして、海に沈んだ金銀を集めて潮と共に噴き出し、人々に与えたという。

図7－13　十返舎一九『大鯨豊年貢』　慶應義塾図書館蔵　寛政11（1799）年

曲亭馬琴『鯨魚尺品革羽織』

一方、曲亭馬琴は『鯨魚《くじら》尺《ざし》品《しな》革《がわ》羽織《ばおり》』（寛政十一年）という戯作を著した。まず、鯨の種類は二〇種あるとして、「山くじら」（猪）を挙げる。「長サしゝ十六間ばかりあり」として「しゝ（四四）」を猪にかけている。「森を怖れて、萩《はぎ》の葉風《はかぜ》の波を愛して、臥猪《ふすい》の床《とこ》の海に遊ぶ」とあるが、「森」は「銛」に通じ、萩（ハギ）と猪は好まれた組み合わせであった。その他、ナメクジの別名である「なめくじら」、年寄でふざけたがる性分である「後生《ごしょう》くじら」、耳かき棒の「みみくじら」などが紹介される。そして熊野の鯨取りである「りょう四郎」の物語へと続く。

りょう四郎は、大金を儲けて江戸見物に出かけようとし、鯨を釣る方法を考え出す。すなわち、餌とする米を百五六十俵取り寄せ、鍛冶屋

図7－14　曲亭馬琴『鯨魚尺品革羽織』　国立国会図書館デジタルコレクション
寛政11（1799）年

に頼んで巨大な釣り針を作らせ、鯨を入れる高さ二〇丈（約六一m）、差し渡し八〇間（約一四五m）の岡持ちを誂《あつら》え、更に八百五六十俵の米を大釜で炊いて二三十万の鰯を混ぜ、酢をかけて鮓《すし》のように漬け合わせ、浜辺に足代《あしろ》（足場）をかけて百五六十俵の飯を焼き飯にして釣り針にかけ、二三十間（約三六～五五m）の大鯨を釣った。その鯨を見せ物にして大金を儲け、その後に売ってお金にし、江戸へ行った。

大鯨の倅《せがれ》の鯨は敵討ちのため、龍宮の八大龍王に願い出た上で、りょう四郎を訪ねて品川までやってきた。その後、りょう四郎と七浦《ななうら》という女郎が品川の干上がった海の真ん中に四五千枚の毛氈《もうせん》を敷き並べて興じていた。「七浦」は、一頭の鯨で七浦が賑わうという言い回しにかけている。そうしたところ大雨に見舞われ、鯨の口の中に走り込み、鯨は沖へ一〇里（約三九km）泳いで、りょう四郎や七浦を潮と共に噴き出した。そしてりょう四郎は荒海の真ん中に落ちたが、この音に驚いて辺りを見ると、実は今日が江戸入りの日で、高輪《たかなわ》の心太店《ところてんみせ》でうたた寝をして夢を見ていたことに気が付いた。そして、身に不相応な大きな願いを好む時は身を滅ぼす元であると心を改め、慎ましく暮らしたので、塵も積もって山となり、万両の分限者《ぶげんしゃ》となって栄えたという。

紋九郎鯨伝説とその伝播

鯨の物語化は、以上のような戯作のジャンルにとどまらない。続いて、捕鯨の罪業観と関わる伝承として有名な紋九郎鯨伝説を取り上げてみたい（中園成生「物語と史実」、宮脇和人『鯨塚からみえてくる日本人の心 4』等）。これは、捕鯨業者の夢に鯨が現れ、子連れで通るので捕らないよう願うが、捕鯨業者はその願いに反して子連れの鯨を捕ってしまい、災厄に見舞われるという基本的筋立てで、バリエーションを伴いつつ各地に伝播したものである。その起源は、正徳六（一七一六）年における肥前国五島宇久島《うくじま》（現在の長崎県佐世保市宇久島）の山田組の遭難に際して仏教側が提示した、殺生の罪悪視を基盤とする応報譚《たん》と推定されている。伝承に登場する山田組の山田紋九郎の名にちなんで紋九郎鯨伝説と呼ばれている。捕鯨による巨利の追求が罪業観を伴う場合があった点とも関連し、興味深い。

紋九郎鯨伝説の伝播の一例を挙げると、山口県大津郡の地誌である萩原新生『大津郡志』には次のようにある（同書二三四頁）。

大津郡仙崎町字白潟に、殿村某といふ素封家《そほうか》がゐた。鯨組を経営したが、猟《(ママ)》がないので困つてゐた。ある晩の夢に、「明日は子鯨をつれてこの沖を通るが、どうぞ子鯨だけは、捕えぬやう見のがしてくれ、その代り、帰り道には、屹度《きつと》この夫婦がお前の網にかゝり、突かれて果てるから」と頼んだ。が翌日、殿村は鯨の親子もろとも捕殺したので、その家は鯨の祟りで運がわるくなり、つひに家が傾いて、今では全く跡方もなくなつてしまつた。

ここでは親子もろとも捕殺された鯨の祟りによる、素封家殿村家の断絶について語られている。もちろん、この伝承の内容自体は史実ではなく、紋九郎鯨伝説のバリエーションの一つとして位置付けられるものである。こうした伝承の成立時期や背景についても検討することが求められる。これと関わり近年、藤井文則は白潟の殿村家について精力的な調査を進めた（藤井文則「「長門鯨霊崇拝伝説」を糺す」）。その結果、地域の名望家であった同家の関係者の江戸時代後期から現代にかけての様々な足跡《そくせき》と、地元白潟を離れる経緯などが明らかになってきている。これを踏まえると、『大津郡志』に見えるような殿村家と結び付けられた鯨伝説が生み出されたのは江戸時代ではなく、早くとも大正期以降ではないかと思われる。

金子みすゞ「鯨法会」

最後に、同じく近代の事例だが、詩人の金子みすゞ（本名は金子テル）について少し触れ、本節のむすびに代えたい。実は大津郡は彼女の故郷でもある。彼女は明治三十六（一九〇三）年、大津郡仙崎村（もと瀬戸崎浦）に生まれ、若くして亡くなったのが昭和五（一九三〇）年のことである。物心ついたのが日露戦争後で、亡くなったのが満州事変の前年ということは、近代日本の中でも比較的恵まれた、大正期を含む時代を生きており、それが彼女の作風に影響を与えたであろうことが容易に想像される。彼女は数多くの詩を残したが、仏教的な心情を謡ったものもある。その一つである「鯨法会《くじらほうえ》」を以下に示したい（『金子みすゞ童謡全集〈普及版〉』四一五頁）。

鯨法会

鯨法会は春のくれ、海に飛魚《とびうお》採れるころ。浜のお寺で鳴る鐘が、ゆれて水面《みのも》をわたるとき、村の漁夫《りょうし》が羽織着て、浜のお寺へいそぐとき、沖で鯨の子がひとり、その鳴る鐘をききながら、死んだ父さま、母さまを、こいし、こいしと泣いてます。海のおもてを、鐘の音は、海のどこまで、ひびくやら。

悲しみの漂う詩であるが、多少理屈めいた解釈を加えると、ここで謡われているのは、浄土宗の回向ではない。金子家は仙崎村の真宗遍照寺に属しており、金子みすゞも真宗の教えに触れる機会があった（中川真昭『金子みすゞ　いのち見つめる旅』）。「鯨法会」は真宗寺院の行事を謡ったものであり、人々の念仏の功徳により救われる鯨は登場しない。大勢の参詣者に加え、出店もあって賑わったという鯨法会だが、その背後に潜む悲しみを、彼女もしっかりと感じ取っていたのである。

おわりに

これまで具体的な事例をもとに確認してきたように、江戸時代には鯨組の突取法や網掛突取法による捕鯨業が本格的に展開し、各地に関連史料が多く残されている。鯨肉はもちろん、油や骨なども様々に活用された。『西海鯨鯢記』に示されるように、捕鯨に関する知識・技術をもとに、鯨が地域や国家に富をもたらすという思想が形成された。こうして重要な産業となった捕鯨業には、大坂の商人も目を付けた。一方で、鯨の供養が催され、地域の行事として定着した。鯨を題材とする新しい文芸作品や伝承なども生み出された。鯨と関わる人々の思想や信仰は必ずしも一様ではなく、仏教宗派とも関わって多様な展開を遂げた。このように、人々と鯨との距離が密接になった時代として、江戸時代を把握できるだろう。

ところで、日本近海の鯨の側から見ると、江戸時代はどうであったか。鯨組という天敵が海上に現れた時代であり、近代捕鯨の規模には及ばないものの、受難の増えた時代ということになろう。人間によく知ってもらえるようになり、人間のために役立てられるようになったということは、鯨にとって喜ばしいことというわけではあるまい。

一九世紀に入ると、アメリカの捕鯨業者により日本近海のマッコウクジラの捕鯨場（ジャパン・グラウンド）が発見され、多くの捕鯨船がやってくるようになる。そして日本側も、それへの対応を迫られることになった。こうして人間の歴史の推移に少なからぬ影響を与えたのも鯨であった。

〈参考文献〉

岩﨑義則「捕鯨業者井元弥七左衛門と平戸藩―井元家文書の伝来とその分析―」『史淵』第一四七輯、二〇一〇年
上野大輔「近世真宗優勢地帯における浄土宗の思想的機能―鯨回向を手がかりに―」『史林』第九一巻第五号、二〇〇八年
大島村郷土誌編纂委員会編『大島村郷土誌』大島村教育委員会、一九八九年
金子みすゞ『金子みすゞ童謡全集〈普及版〉』ＪＵＬＡ出版局、二〇二二年
小葉田淳「西海捕鯨業について」同『日本経済史の研究』思文閣出版、一九七八年、初出一九五一年
末田智樹『藩際捕鯨業の展開―西海捕鯨と益冨組―』御茶の水書房、二〇〇四年
千葉徳爾『ものと人間の文化史　狩猟伝承』法政大学出版局、一九七五年
中川真昭『金子みすゞ　いのち見つめる旅』本願寺出版社、二〇〇三年
中園成生「物語と史実―紋九郎鯨伝説の成立過程―」太地亮編『鯨方遭難史―その史実の論考と検証―』私家版、二〇〇八年
中園成生『日本捕鯨史【概説】』古小烏舎、二〇一九年
長門市史編集委員会編『長門市史』歴史編　長門市、一九八一年
二野瓶徳夫「捕鯨」『国史大辞典』第一二巻、吉川弘文館、一九九一年

萩原新生『大津郡志』　マツノ書店、一九八六年、初出一九四九年
藤井文則「「長門鯨霊崇拝伝説」を糺す」『郷土文化ながと』二五、二〇一三年
藤本隆士『近世西海捕鯨業の史的展開—平戸藩鯨組主益冨家の研究—』　九州大学出版会、二〇一七年
港区立港郷土資料館編『江戸動物図鑑』　港区立港郷土資料館、二〇〇二年
宮脇和人『鯨塚からみえてくる日本人の心　4　—鯨の記憶をたどって南海域へ—』　細川隆雄監修、農林統計出版、二〇一五年
横田冬彦『日本近世書物文化史の研究』　岩波書店、二〇一八年
吉原友吉『房南捕鯨　附　鯨の墓』　相澤文庫、一九八二年
吉村雅美『近世日本の対外関係と地域意識』　清文堂出版、二〇一二年
若尾政希「近世における日本意識の形成」　若尾政希・菊地勇夫編『〈江戸〉の人と身分　5　覚醒する地域意識』　吉川弘文館、二〇一〇年
『勇魚取絵詞』　文政十二〈一八二九〉年跋、天保三〈一八三二〉年刊、国立国会図書館デジタルコレクション、請求記号：特7－651
『平戸市の文化財13　西海鯨鯢記』　平戸市教育委員会、一九八〇年

Interlude 5　豊後国浜之市の曲馬芝居と見世物

神田由築

はじめに

江戸時代の人々にとって動物を用いた芝居や見世物は、娯楽であると同時に動物を目にする貴重な機会でもあった。動物の見世物といえば、駱駝《らくだ》や象のような舶来の珍しい動物が思い浮かぶかもしれないが、猫や鼠のような身近な動物による曲芸もあったし、三都（江戸・大坂・京都）や名古屋の盛り場では曲馬芝居が行われていた。ただし全国的にみれば、三都や名古屋のように日常的に興行が行われていたわけではない。それでは、地方の人々はどのような機会に、どのような動物を目にしていたのだろうか。本稿では、意外とイメージがない地方の状況について、ひとつのモデルとして豊後国浜之市《はまのいち》（現在の大分市）の事例を紹介していきたい。

一　動物に会える場所——祭礼市

浜之市は、毎年八月から九月にかけて、府内藩（大給《おぎゅう》松平氏二万二〇〇〇石）領内の由原《ゆすはら》八幡宮の放生会に際して、その御旅所で開かれた祭礼市である。現在の大分市の中心部がかつての府内藩の城下町だが、そこから別府方面に二・五キロメートルほど行ったところに、いまでも「浜の市」の地名が残っている。浜之市の開かれる御旅所一帯は、東西約一六〇メートル、南北約三〇メートルからなる空間で、平素は何もない原っぱだったが、祭礼市の期間だけ商人の仮設の小屋が町筋を形成して立ち並び、米や豆など穀物や特産品の七嶋筵《しちとうむしろ》、その他さまざまな商品の売買が行われた。その様子は文化十（一八一三）年刊行『浜之市細見絵図』（神宮文庫所蔵）に詳しい。[*1] 小屋の軒数は一時は二八〇軒ほどだったのがだんだん減って、寛政期（一七八九—一八〇〇）頃からは一四〇軒前後だったようである。

町筋の周縁部には「大芝居」「竹田代芝居」「於山地芝居」の三つの芝居小屋のほか、曲馬や見世物、相撲のための場所もあった。絵図には「曲馬芝居」（町筋の東端）、「見世物所」（町筋の西端）、「術場」（町筋の南方）、「相撲場」（町筋の南方）が見える。三つの芝居小屋で行われる芝居は、芝居請方（＝興行主）が、あらかじめ四月から六月にかけて一座に出演交渉を行い招致する「請芝居」である。一方、開市直前や開市中に、請方との事前契約のない者たちが浜之市での興行を求めて来る場合があった。これらは、請方が藩に提出した書類に「浜之市が繁昌しているので押し掛け来ました」と表現され、請芝居とは区別されていた。いわば「押掛芝居」である。曲馬芝居や見世物はすべて「押掛芝居」に属し、当然、芝居小屋ではなく曲馬場や見世物所、相撲場などで行われた。

こうした三つの請芝居と押掛芝居からなる浜之市芝居の興行の形式が整ったのは、おおよそ享保期（一七一六―三五）のことである。同じ頃、府内藩では毎年浜之市に関する「寄目録」という書類を作成して、その年の浜之市での①諸芝居の興行、②問屋による穀物売買、③小屋での諸商売、の売上高を総合的に把握するしくみが確立されていった。

たとえば安永六（一七七七）年の「寄目録」には諸芝居について次のような記載がある（「府内藩記録」甲128・安永六年九月二十八日条）。

覚

一、銭拾弐貫三百九拾四匁九分　大芝居
一、銭五貫五百三拾壱匁三分　竹田代
一、銭七貫百六拾五匁九分四厘　於山地
一、銭壱貫弐百五拾八匁　曲　馬
一、銭弐百八拾九匁五分　鼠見セ物
〆銭弐拾六貫六百三拾九匁六分四厘
（後略：以下、穀物売買や諸商売の売上高が書き上げられる）

この時の浜之市全体の総売上高は銭一一〇五貫五八七匁六分四厘で、芝居興行が占める割合はわずか二・四％に過ぎない。芝居には直接的な利益貢献よりも人寄せや賑わいの演出といった間接的な効果が期待されていたことが、数字にも表れている。芝居の興行規模を単純に比較することはできないが、売上高をひとつの指標とすると、曲馬芝居は三つの請芝居よりは小さいものの（大芝居の約一〇分の一）それに次ぐ位置を占め、見世物芝居はそれよりもかなり小さい（大芝居の約五〇分の一）。このように芝居のランクでいえば、浜之市における曲馬は請芝居に次ぐ二番手の芝居で、見世物はその他の芝居という位置づけだった。

二　どのような動物が来たか――曲馬芝居と見世物

江戸時代の芝居興行には領主の許可が必要だった。そのため、府内藩の諸役所の政務記録である「府内藩記録」にも、芝居請方からの興行許可願いが、芝居に関する基本的な情報――芝居の内容、一座の人数・拋地、浜之市の中の興行場所――をともなって収録されている。そこから動物が関わった芝居を表Ｖ－１に抜き出してみた。これらは大きく曲馬と見世物の二つのジャンルに分けられる。

曲馬の興行回数は数年から数十年に一度で、見世物に比べたら少ないが、地方での興行としてはわりと行われているといえるのではないだろうか。一座の人数構成が十人前後と大規模であることと、おおよそ三都から来る傾向があるのが特徴である。先ほど「寄目録」を紹介した安永六年の事例では、大坂の曾根崎から楠林小平太一座七人が来ている。曾根崎新地は大坂の盛り場の一つである。浜之市では、おそらく安永期（一七七二―八〇）頃に桶屋筋一丁目に曲馬場が設けられたとみられ、それ以後、曲馬芝居はここを使うことが多くなっている。

当時の曲馬芝居は、サーカスのような〈馬の曲芸〉とはかなり様相が異なり、衣裳を着けた馬上の役者が腰や足の動きで馬を操りながら、何かの役に扮して芝居をするという馬上芝居であった。その芝居の内容も曲馬独自のものではなく、『一谷嫩軍記』や『義経千本桜』など、歌舞伎や人形浄瑠璃で人気の演目をそのまま取り入れている。もちろん騎乗スタイルが、『一谷嫩軍記』における熊谷直実と平敦盛の組討のように、騎馬武者の戦闘場面の演出に活かされることもあったが、芝居の内容と騎乗とは関係がないことも多く、つまりは歌舞伎などですでにおなじみの芝居を、馬上という制約のなかで〈人馬一体の曲芸〉として見せるところに曲馬芝居の妙味があった。また、浜之市に来たかどうかは不明だが、「女曲馬」という女性による曲馬もあった。

見世物では多種多様な動物が観覧に供されている。一座の人数は一人から数人と小規模で、かつ拠地も北部九州から大坂まで多様な分布を示している。興行場所は、西横町、穀物筋三丁目、桶屋筋三丁目、相撲場（相撲床）、術場に分布しており、一部は曲馬と重なるものの、小規模ゆえか曲馬に比べたら選択肢が多い。「術場」は十七世紀の史料では確認できないので、十八世紀中頃までに新たに成立した空間と考えられる。「相撲場」の成立もその頃と思われる。こうした新たな芸能空間が成立したことと、「押掛芝居」が興行の枠組のなかで一定の位置を占め始めたこととは無関

人数	拠地	浜之市の中での興行場所
14	大坂	
	大坂	
6	大坂	釜屋筋3丁目
3	長崎	西横町
3	筑後久留米	田町裏空地
5	備中玉島	西横町
7	大坂	桶屋筋1丁目小路曲馬場
5	大坂	穀物筋3丁目、桶屋筋3丁目
5	杵築今村	
8	紀伊	相撲床
16		相撲場
	筑前大蔵村	術場
2	臼杵保戸島	桶屋筋3丁目
10	大坂	桶屋筋1丁目
2	尾張津嶋村	相撲床
2	筑前福岡	穀物筋3丁目
14	京都	桶屋筋1丁目
2	伊予	相撲床
2	筑後田主丸	桶屋筋3丁目
2	大坂	西横町
1	大坂	相撲床
1	豊後浜脇村	
1	長崎籠町	桶屋筋3丁目
2	竹田本町	術場
3	京都	術場
13	江戸	桶屋町1丁目小路北側
2	肥後熊本	西横町
1	肥前長崎	相撲床
1	杵築大神村	術場
2	京都	相撲床脇
1	大坂	術場
9	讃岐丸亀	
1	豊前	
1	肥後	
1	長崎	相撲場

表ｖ－１　浜之市の曲馬芝居と見世物

年号		ジャンル（註１）	芝居名（できるだけ原史料通り）
元禄７年	(1694)	曲馬	女舞馬の曲
享保７年	(1722)	曲馬	馬芝居
享保９年	(1724)	見世物	熊芝居
元文２年	(1737)	曲馬	人馬の曲
宝暦９年	(1759)	見世物	ひつじ
明和４年	(1767)	曲馬	曲馬
安永３年	(1774)	見世物	大かみ（狼）１疋
安永６年	(1777)	曲馬	曲馬芝居
天明７年	(1787)	見世物	猫鼠軽業曲こま
寛政３年	(1791)	見世物	羊
〃	(1791)	見世物	虎
寛政８年	(1796)	見世物	曲手鞠猿遣い
寛政９年	(1797)	曲馬	大曲馬
寛政10年	(1798)	見世物	麒麟
享和２年	(1802)	見世物	白牛
文化２年	(1805)	曲馬	曲馬
〃	(1805)	見世物	蛇遣い
〃	(1805)	見世物	雲鼠
文化３年	(1806)	曲馬	曲馬
文化４年	(1807)	見世物	唐国鳥
〃	(1807)	見世物	唐国鳥
文化５年	(1808)	見世物	大蟇
〃	(1808)	見世物	猫鼠
文化９年	(1812)	見世物	大魚
文化10年	(1813)	見世物	やぎ
文化12年	(1815)	見世物	金花鳥
〃	(1815)	見世物	猿犬角力
文化14年	(1817)	曲馬	曲馬
文政４年	(1821)	見世物	孔雀・火いんこ（ヒインコ）・せいかいいんこ（セキセイインコ）・ひうく鳥（ヒクイドリ）
〃	(1821)	見世物	やぎ
文政８年	(1825)	見世物	きりん
天保９年	(1838)	見世物	蛇遣い
天保13年	(1842)	見世物	鷲・雉子・朝鮮鷲・朝鮮鳩
天保14年	(1843)	曲馬	曲馬
〃	(1843)	見世物	猪・おっとせい（オットセイ）
弘化４年	(1847)	見世物	山がら（ヤマガラ）
〃	(1847)	見世物	金魚
嘉永元年	(1848)	見世物	渡り鳥・ぶた

出典：「府内藩記録」（大分県立大分図書館所蔵）
参照：神田由築『近世の芸能興行と地域社会』（東京大学出版会、1999年）第一部第三章　表１・表２
註１：「曲馬」と「見世物」にジャンル分けした。

係ではあるまい。さらに言うなら、全国的な趨勢として十八世紀中頃から地方の祭礼市において曲馬や見世物の興行が増えていった、すなわち地方の人々が動物と出会う機会が拡がったと推察される。

浜之市の見世物の動物は、おおよそ四つの種類に分類される。

(一) 珍鳥・珍獣……唐国鳥(七面鳥)、金花鳥、孔雀、インコ、ヒクイドリ、鷲、朝鮮鷲、朝鮮鳩、ヤマガラ、オットセイ、狼。これらの珍鳥や珍獣は見世物の定番だろう。三都や名古屋では十八世紀後半頃に「花鳥茶屋」や「孔雀茶屋」という、珍しい鳥や動物を見ながら飲食できる施設ができた。祭礼市には飲食店も出店したから、飲食と見世物が同じエリア内にあるという点で、趣向としてはそれに似ている。地方では見世物小屋の常設は無理であったが、祭礼市での見世物がその代替の役割も果たしていたのである。

(二) やや身近な動物……白牛、大蟇、大魚、ひつじ、やぎ、猪、豚、雉子、金魚。白牛、大蟇、大魚は、傍点を伏した特徴的な属性に見世物としての価値が見出されたと思われる。とくに大魚は浜之市の近隣の浜脇村からの出品なので、たまたま大きな魚が捕れたから浜之市に見世物として提供した、という可能性もある。見世物に典型的な珍鳥がいるかと思えば、近海で捕れた大魚もいるというところが、いかにも地方の祭礼市らしい。ところで、江戸時代の人々が認識している「ひつじ」の多くは実はヤギだったと言われている。はたしてこの「ひつじ」はヒツジなのかヤギなのか。「やぎ」も別に来ているから、あるいは本当にヒツジだったかもしれず、だとしたら珍しい事例だが確証はない。金魚は、江戸時代の初期には数十万円相当もの高額で取引された愛玩動物で、その後は大量生産によって庶民にも身近になったものの、品種改良を加えた稀少で高価な金魚も生み出されていた。わざわざ肥後から大分に運ばれた金魚はどのようなものだったのか。興味は尽きない。

（三）仕掛けのある（かもしれない）動物……虎、麒麟。虎や麒麟は、まさか本物が来たとは考えにくい。江戸でも「虎」と称して「猫」を見せるとか、造り物に「虎皮」を被せるといった見世物が行われていた。これもおそらくその類ではないかと思われる。江戸時代の見世物の動物は、人々の想像上の動物と実見できる動物の境界線上にあった。そのことは地方でも変わらない。

（四）芸をする動物……猫、鼠、猿、犬、蛇、熊。動物に芸（動き）を仕込み、曲芸や相撲に仕立てて見せるものである。ただし「熊芝居」は同様に熊に芸を仕込んだものかどうか、これはよくわからない。猫や鼠、猿、犬の曲芸は、江戸の見世物芝居でも評判だった。これも花鳥茶屋や孔雀茶屋と同じく、三都で人気の見世物が地方でも祭礼市の機会に見られた事例である。猿に曲芸をさせる猿廻しは、各地に専業集団がいて巡演していたから、地方でもわりと目にする光景だったと思われる。蛇遣いは、芸といえるほどかはわからないが、これまた見世物では定番であろう。

このように一覧すると、意外に多様な動物が浜之市に来ていることがわかるのではないだろうか。それに、三都の花鳥茶屋・孔雀茶屋で人気の珍鳥も浜之市に来ていた。曲馬芝居や動物を用いた曲芸・相撲も行われている。そういう意味では、どのような動物に会えるかという〈質〉的な面では、実は三都と地方の格差はそれほど大きくはない。しかし、どのくらい接触の機会があるかという〈量〉的な面では、三都と地方の差は決定的に大きかった。曲馬芝居も数年から数十年に一度だし、珍鳥もめったには来ない。一生に一度、会えるかどうかというレベルに等しい。三都の人々と同じように地方でも曲馬芝居を楽しんだ——ただし、うまく興行のタイミングが合えば。このタイミングという点が、江戸時代の芝居と動物の関係を考えるうえで、見落としてはならないポイントである。

三　動物はどうやって来るのか——興行の世話をする人々

ところで、動物およびそれをあつかう人々は、どのような経路をたどって浜之市に来たのだろうか。あるいは、浜之市のあとはどこに行ったのだろうか。

浜之市と筑前・筑後（現在の福岡県）のちょうど中間地点に、「森」（現在の大分県玖珠町）という久留島氏一万石の陣屋町がある。文化二（一八〇五）年八月に浜之市に出演した雲鼠の一座は、九月中頃に森町に差しかかった（「文化元甲子年ヨリ同四丁卯年迄　御記録書抜　十九　御吟味　御仕置　御咎　御赦」）。その間、おそらく九月初旬に開かれた賀来神社の祭礼市「賀来市」に出演したとみられる。森藩の政務記録である「御記録書抜」によれば、森町の三国屋才平のところに賀来方面から「鼠売」が来て、「日田（現在の大分県日田市）に行きたいので、心当たりの方へ手紙を遣わしてほしい」と頼んできたという。鼠売といっても、この鼠は曲芸をさせるためのもので、すなわち彼は香具商人（見世物師）であると考えられる。そして才平は、おそらく森町で香具商人に興行の世話をしている興行主であろう。

当時、それぞれの土地には、たとえば森町には森町の、日田には日田の、興行を取り仕切る世話人がいて、相互に情報を交換しあっては、移動する香具商人が土地、土地で興行できるよう便宜をはかっていた。だから鼠売も才平に、日田の世話人に紹介状を書いて、日田で見世物ができるように世話を頼んでほしい、と期待したのである。日田は森から筑前に抜ける街道上に位置し、九州の天領支配を束ねる幕府の代官所があった。地域の中心的な町場でもあるため、鼠売は浜之市での興行を終えて拠地の筑前に戻る途中で、日田でもさらに一山当てようと思ったのではないだろうか。

しかし、才平は日田への紹介状を書かず、「来る九月二十九日から十月二日まで滝之市があるから、地所を世話しよう。二十二日と二十三日に市割（場所決め）があるので、それまでに来るように」と鼠売に言った。「滝之市」とは、森町から西に約六・五キロメートルのところにある魚返村《おがえり》の桜岡《さくらがおか》滝《たき》神社の祭礼市である。このあたりも才平の縄張りだったことがわかる。地方では浜之市のように約一カ月間も開かれる大規模な市は多くはなく、むしろ滝之市のような数日間ほどの小さな市が、あちこちで開かれていた。しかも、開市期間が少しずつズレている。そのため、香具商人たちは才平のような世話人を頼りにしながら、市から市へと渡り歩くことができたのである。

ちなみに浜之市には、寛政十（一七九八）年に筑前大蔵村から「麒麟見世物」が、文化四（一八〇七）年には筑後田主丸から「唐国鳥見世物」が来ている。おそらく森町あたりを経由して浜之市に向かったと思われるから、その帰路には鼠売と同じように、九月下旬の滝之市に出演してはどうかと才平の世話を受けていた可能性もある。

さて、そうこうしているうちに九月二十六日に鼠売が曲馬芝居の者を同道して来たので、これも才平が世話することにした。この曲馬芝居も浜之市に出演していた大坂の一座であろう。鼠売とは浜之市で知り合って、鼠売が日田方面に向かうと聞いて同道するようになったのではないか――そんな妄想も浮かんでくる。才平は平川村（魚返村の隣村）あたりで世話をする者へ手紙を出したが、先方では曲馬芝居はしていないとの回答であった。平川村は府内と日田を結ぶ往還が通る交通の要地で、宿場が形成されていた。ここには才平とは別の世話人がいたようだが、曲馬芝居をする予定がなく、交渉は不成立に終わった。しかし、曲馬芝居の七人と馬二疋は森町に宿を定めて、なおも才平に「滝之市で芝居ができないので、川向うあたりで曲馬芝居の世話をしてくれ」と頼んだ。だが、うまくいかず、曲馬芝居の者がさらに「森町でも（興行できないか）願い出てほしい」と頼むので、才平から町役人に願い出てみたものの、これも時節柄が良くないと許可されなかった。

結局、十月十日、曲馬芝居の者と鼠売が同道して才平のところに来て、「芝居ができなくては諸経費や食費なども払えない」と、興行が不成立になったことをめぐって才平と喧嘩になりそうになり、森町の目明《めあかし》（警察の末端）徳兵衛が出動して鎮める事態となった。

以上の一件から、曲馬や見世物にたずさわる者たちの生態が見えてくる。彼らにとっては、浜之市だけが稼ぎ場ではない。他の市でも興行しなければ、すぐに食費にも困ってしまう。その生命線を握っていたのが、才平のような世話人である。彼らが、うまく連携しあって一座を迎え入れてくれるかどうか、興行場所を確保してくれるかどうか、土地の領主に興行許可を取り付けてくれるかどうか――これらすべての段取りに、興行の成否がかかっていた。

おわりに

浜之市の事例は、移動する曲馬芝居や香具商人、そして動物たちの、巡演範囲の中の一点を切りとったものである。このような「点」が、彼らの移動線に沿っていくつも展開していた。それが、地方の人々から見れば、まさしく動物との「接点」となったのである。どのような動物に会えるかは、こうした「接点」上で自分の動線と動物の軌跡とが交わるかどうかによって決まった。地方では「接点」は限られていたし、土地の世話人の手腕にゆだねられた一面もあって、不安定な要素が多かった。しかし、タイミングさえ合えば、多種多様な動物の世界は地方にもかなり拡がっていた。

（付記）本稿は、ＪＳＰＳ科学研究費（課題番号二一Ｋ〇四五〇七）の助成による研究成果の一部である。

（註）

＊1　神田由築『近世の芸能興行と地域社会』一〇二－一〇三頁所載。

（参考文献）

朝倉無声『見世物研究』春陽堂、一九二八年
川添裕「舶来動物と見世物」、中澤克昭編『人と動物の日本史2　歴史のなかの動物たち』吉川弘文館、二〇〇九年
川添裕・木下直之・橋爪紳也編『別冊太陽　見世物はおもしろい』平凡社、二〇〇三年
神田由築『近世の芸能興行と地域社会』東京大学出版会、一九九九年
廣岡孝信「奈良時代のヒツジの造形と日本史上の羊」『奈良県立橿原考古学研究所紀要考古學論攷』第四一冊、二〇一八年
森永道夫『馬芝居の研究』雄山閣出版、一九七四年
秋里籬島『摂津名所図会』巻二、『日本名所風俗図会』10　角川書店、一九八〇年
大田南畝「蘆の若葉」、『大田南畝全集』第八巻　岩波書店、一九八六年
曲亭馬琴「羇旅漫録」、木越俊介校註『羇旅漫録　付：蓑笠雨談』平凡社東洋文庫九〇七、二〇二二年
大分県立大分図書館所蔵「府内藩記録」
大分県玖珠町教育委員会所蔵「文化元甲子年ヨリ同四丁卯年迄　御記録書抜　十九　御吟味　御仕置　御咎　御赦」
神宮文庫所蔵「浜之市細見絵図」

おわりに

以上、七章と五つの*Interlude*を通して、江戸時代の人間と動物の関係を多角的に見てきた。いずれの論稿も、動物の立場からの視点を入れたことは本書の特色となっている。

江戸時代には武家政権の論理から、また科学的、医学的知識や思考の不足から、多くの動物が犠牲になったという側面があった。遠方で生け捕られて狩場に運ばれ、結局は仕留められる猪や鹿、胆が薬になるからと、残酷な方法で殺される熊、子を守ろうとするも無念の死を遂げる母鯨……。動物にも意思や感情はある。遠い過去のこととはいえ、意に反して殺される動物の話は読んでいて胸が痛む。悪質ブリーダーやペットロスといった現代に繋がる問題も江戸時代にすでに現れている。

また、現代人よりも飢餓に近いところにいた江戸時代人は、生きるためには殺生をしなければならなかったという側面もあったであろう。「生類憐みの令」以降、四つ足の動物を食べないことが一般化したが、農耕が難しい山の民などは鉄砲を持つことを許され、猪や鹿を撃って食料としていた。

一方で、動物をかわいがる、いたわるという側面も、江戸時代の間に育まれた。特に犬は、「生類憐みの令」を境に、「食べられる動物」から「かわいがられる動物」へと変化した。江戸後期に至ると、飼い主が犬を伊勢参りの旅行者に託し、旅行者が代わる代わる世話をしながら犬に伊勢参りをさせ、参拝が終わると飼い主のもとへ送り返すことが各地で見られるようになった。また狆は江戸時代の代表的な愛玩動物であり、そのかわいらしい姿が浮世絵に描かれ、死後は墓が造られたりもした。猫には供養塔が建てられた。供養塔は使役動物である牛にも建てられた。人間の日々の営みに役立ってくれたことに対する慰労の念の表れである。また、鯨漁師たちは罪業感から、犠牲となった鯨に戒名をつけ、墓を造り、過去帳までも作った。これらのことはそれ以前の時代にはなかったことであり、江戸時代は動物への愛情が具現化された時代、日本なりの動物倫理・動物福祉が芽生えた時代であったと言えるのではないだろうか。現代の我々も、江戸時代のこういった側面は受け継ぎたいものである。また、象や芸を披露した見世物の動物たちも、江戸時代の人々の動物に対する関心と愛情を育むのに一役買ったことであろう。

こういった動物をかわいがる、いたわる、関心と愛情を持つといったことは、物心両面で余裕がなければできないことであり、それは「生類憐みの令」が出されたことも相まって、大雑把な言い方になるが、元禄以降の平和と経済発展という前提があってのことであろう。

最後に、二〇二三年の企画展及び本書作成に当たって史料をご提供、ご協力下さった諸機関・諸氏、本書刊行に当たって力となって下さった慶應義塾大学出版会の及川健治氏に心より感謝申し上げたい。

二〇二五年三月

編者

〈*Interlude 1*〉

佐藤孝雄（さとう・たかお）

慶應義塾大学文学部教授、同文学部長。1994 年慶應義塾大学大学院文学研究科単位取得退学。専門は動物考古学。現在、日本動物考古学会会長も務める。共著書に *Animals and their Relation to Gods, Humans and Things in the Ancient World.* (Springer VS, 2019)、『人と動物の日本史 1　動物の考古学』（吉川弘文館、2008 年)、『クマとフクロウのイオマンテ—アイヌの民族考古学—』（同成社、2004 年)。

〈*Interlude 2*〉

石神裕之（いしがみ・ひろゆき）

京都芸術大学芸術学部教授。2005 年慶應義塾大学大学院文学研究科後期博士課程単位取得退学。2006 年博士（史学)。慶應義塾大学文学部准教授を経て現職。著書に『近世庚申塔の考古学』（慶應義塾大学出版会、2013 年)、『47 都道府県 遺跡百科』（丸善出版、2018 年）など。

〈*Interlude 3*〉

岩淵令治（いわぶち・れいじ）

学習院女子大学国際文化交流学部教授。1996 年東京大学大学院人文社会系研究科博士課程単位取得退学。博士（文学)。国立歴史民俗博物館を経て現職。著書に『江戸武家地の研究』（塙書房、2004 年)、『史跡で読む日本の歴史 9　江戸の都市と文化』（吉川弘文館、2010 年、編著)、『日本近世史を見通す 4　地域からみる近世社会』（吉川弘文館、2023 年、共編著）など。

〈*Interlude 5*〉

神田由築（かんだ・ゆつき）

お茶の水女子大学基幹研究院人文科学系教授。1995 年東京大学大学院人文科学研究科博士課程単位取得退学。博士（文学)。著書に『近世の芸能興行と地域社会』（東京大学出版会、1999 年)、『江戸の浄瑠璃文化』（山川出版社、2009 年)、『社会集団史』（山川出版社、2022 年、共著）ほか。

〈第五章〉

小沢詠美子（おざわ・えみこ）

成城大学民俗学研究所研究員、同学非常勤講師。1987 年成城大学大学院文学研究科日本常民文化専攻博士課程前期修了。神戸大学大学院経済学研究科助教授などを経て、2004 年より現職。著書に『災害都市江戸と地下室』（吉川弘文館、1998 年）、『お江戸の経済事情』（東京堂出版、2002 年）、『江戸ッ子と浅草花屋敷』（小学館、2006 年）など。

〈第六章〉

重田麻紀（しげた・まき）

慶應義塾大学文学部古文書室研究員・萩市立須佐歴史民俗資料館特別学芸員。明治大学文学部兼任講師も勤める。2006 年慶應義塾大学大学院文学研究科史学専攻後期博士課程単位取得退学。専門は日本近世史。著書に『須佐に住んだ武士　―永代家老益田家と家臣たち―』（一般社団法人萩ものがたり、2020 年）。

〈第七章、*Interlude 4*〉

上野大輔（うえの・だいすけ）

慶應義塾大学文学部准教授。2005 年熊本大学文学部歴史学科卒業。2010 年京都大学大学院文学研究科博士後期課程修了。博士（文学）。専門は日本近世史。著書に『日本近世史を見通す 6　宗教・思想・文化』（吉川弘文館、2023 年、共編著）、『日本近世史入門――ようこそ研究の世界へ！』（勉誠社、2024 年、共編著）。

編者・執筆者紹介

〈編者・第一章〉

井奥成彦（いおく・しげひこ）

慶應義塾大学名誉教授。1980 年慶應義塾大学文学部卒業、1986 年明治大学大学院文学研究科博士後期課程単位取得退学、博士（史学)。九州大学石炭研究資料センター助手などを経て 2006 年より慶應義塾大学文学部教授、2023 年より同名誉教授。著書に『19 世紀日本の商品生産と流通』(日本経済評論社、2006 年)、編著書に『醤油醸造業と地域の工業化―髙梨兵左衛門家の研究―』(慶應義塾大学出版会、2016 年）など。

〈第二章〉

髙橋美由紀（たかはし・みゆき）

立正大学経済学部教授。専門は日本経済史・歴史人口学。慶應義塾大学経済学部卒業、同大学院経済学研究科経済史専攻修士課程修了、同研究科経済学専攻博士課程単位取得退学。一橋大学経済学研究科経済史・地域経済専攻博士課程修了、博士（経済学)。著書に『在郷町の歴史人口学』(ミネルヴァ書房、2005 年）など。

〈第三章・第四章〉

藤井典子（ふじい・のりこ）

慶應義塾大学文学部古文書室研究員、早稲田大学教育・総合科学学術研究院非常勤講師、聖心女子大学非常勤講師。東京大学法学部卒業、日本銀行入行。同行在職中に慶應義塾大学大学院文学研究科等において日本史演習などを科目履修。博士（史学)。2018 年 3 月に同行退職。著書に『徳川期の銭貨流通―貨幣経済を生きた人々』(慶應義塾大学出版会、2024 年)。

動物たちの江戸時代

2025年4月15日　初版第1刷発行
2025年7月2日　初版第2刷発行

編著者――――井奥成彦
発行者――――大野友寛
発行所――――慶應義塾大学出版会株式会社
〒108-8346　東京都港区三田2-19-30
TEL〔編集部〕03-3451-0931
〔営業部〕03-3451-3584〈ご注文〉
〔　〃　〕03-3451-6926
FAX〔営業部〕03-3451-3122
振替　00190-8-155497
https://www.keio-up.co.jp/
装　丁――――成原亜美
組　版――――株式会社キャップス
印刷・製本――中央精版印刷株式会社
カバー印刷――株式会社太平印刷社

Printed in Japan ISBN978-4-7664-3028-8